"十四五"职业教育国家规划教材

"十三五"职业教育国家规划教材

无人机组装与调试

主　　编　鹿秀凤　冯建雨

副主编　于坤林　栾润生

参　　编　吴道明　白　祥　石　磊
　　　　　杜　拓　刘　邹

U0255127

机 械 工 业 出 版 社

本书是"十四五"职业教育国家规划教材，是根据教育部最新颁布的专业教学标准，同时参考相应职业资格标准编写的。

本书分为理论篇和实践篇两大部分。理论篇包括无人机概述、无人机结构与系统组成、无人机组装工艺基础、无人机调试基础四章内容；实践篇包括多旋翼无人机的组装与调试、固定翼航模及无人机的组装与调试、无人直升机的组装与调试三个实践项目。

为便于教学，本书配套有电子教案、助教课件、教学视频等教学资源，选择本书作为教材的教师可来电（010-88379375）索取，或登录机工教育服务网（www.cmpedu.com），注册、免费下载。

本书可作为职业院校无人机应用技术专业教材，也可作为无人机组装与调试生产岗位的培训教材，以及无人机爱好者自行组装与调试的参考用书。

图书在版编目（CIP）数据

无人机组装与调试/鹿秀凤，冯建雨主编. —北京：机械工业出版社，2019.9
（2025.1重印）

职业教育无人机应用技术专业系列教材

ISBN 978-7-111-63923-7

Ⅰ．①无… Ⅱ．①鹿… ②冯… Ⅲ．①无人驾驶飞机—组装—高等职业教育—教材 ②无人驾驶飞机—调试方法—高等职业教育—教材 Ⅳ．①V279

中国版本图书馆CIP数据核字（2019）第214584号

机械工业出版社（北京市百万庄大街22号 邮政编码100037）

策划编辑：齐志刚　　　责任编辑：王莉娜　齐志刚　赵文婕

责任校对：梁　静　　　封面设计：鞠　杨

责任印制：郜　敏

中煤（北京）印务有限公司印刷

2025年1月第1版第19次印刷

184mm×260mm・11.5印张・237千字

标准书号：ISBN 978-7-111-63923-7

定价：40.00元

电话服务　　　　　　　　　网络服务

客服电话：010-88361066　　机　工　官　网：www.cmpbook.com

　　　　　010-88379833　　机　工　官　博：weibo.com/cmp1952

　　　　　010-68326294　　金　书　网：www.golden-book.com

封底无防伪标均为盗版　　　机工教育服务网：www.cmpedu.com

关于"十四五"职业教育
国家规划教材的出版说明

为贯彻落实《中共中央关于认真学习宣传贯彻党的二十大精神的决定》《习近平新时代中国特色社会主义思想进课程教材指南》《职业院校教材管理办法》等文件精神，机械工业出版社与教材编写团队一道，认真执行思政内容进教材、进课堂、进头脑要求，尊重教育规律，遵循学科特点，对教材内容进行了更新，着力落实以下要求：

1. 提升教材铸魂育人功能，培育、践行社会主义核心价值观，教育引导学生树立共产主义远大理想和中国特色社会主义共同理想，坚定"四个自信"，厚植爱国主义情怀，把爱国情、强国志、报国行自觉融入建设社会主义现代化强国、实现中华民族伟大复兴的奋斗之中。同时，弘扬中华优秀传统文化，深入开展宪法法治教育。

2. 注重科学思维方法训练和科学伦理教育，培养学生探索未知、追求真理、勇攀科学高峰的责任感和使命感；强化学生工程伦理教育，培养学生精益求精的大国工匠精神，激发学生科技报国的家国情怀和使命担当。加快构建中国特色哲学社会科学学科体系、学术体系、话语体系。帮助学生了解相关专业和行业领域的国家战略、法律法规和相关政策，引导学生深入社会实践、关注现实问题，培育学生经世济民、诚信服务、德法兼修的职业素养。

3. 教育引导学生深刻理解并自觉实践各行业的职业精神、职业规范，增强职业责任感，培养遵纪守法、爱岗敬业、无私奉献、诚实守信、公道办事、开拓创新的职业品格和行为习惯。

在此基础上，及时更新教材知识内容，体现产业发展的新技术、新工艺、新规范、新标准。加强教材数字化建设，丰富配套资源，形成可听、可视、可练、可互动的融媒体教材。

教材建设需要各方的共同努力，也欢迎相关教材使用院校的师生及时反馈意见和建议，我们将认真组织力量进行研究，在后续重印及再版时吸纳改进，不断推动高质量教材出版。

机械工业出版社

PREFACE
前　言

为深入贯彻落实《国家教育事业发展"十三五"规划》以及《国务院关于大力推进职业教育改革与发展的决定》等文件精神，主动适应无人机产业迅猛发展对职业院校专业和课程建设的新需求，鉴于大部分院校采用自编或企业培训课件组织教学，满足不了行业发展以及专业建设需要，机械工业出版社于2018年5月11—13日在北京召开了职业院校"无人机应用技术专业"产教融合、教材与资源建设会议。在会上，来自全国该专业的骨干教师、企业专家研讨了新形势下的课程体系和内容。编者根据会议精神，结合专业培养目标和行业、企业用人单位需求以及最新专业课程标准编写了本书。

本书主要介绍无人机组装与调试的理论基础以及以多旋翼无人机、固定翼航模及无人机、无人直升机为典型代表机型的组装与调试实例。本书以学生为中心，重点培养学生探索并实践无人机组装与调试的能力，在编写过程中力求体现理实一体化的职业教育特色。

本书编写模式新颖，分为理论篇和实践篇，理论篇主要内容包括无人机概述、无人机结构与系统组成、无人机组装工艺基础以及无人机调试基础；实践篇以多旋翼无人机、固定翼航模及无人机、无人直升机为典型实例，系统介绍了不同类型无人机的组装与调试方法、步骤及注意事项，并根据推进教育数字化的要求，新增以二维码的形式链接的操作视频，以供学生学习时参考。

本书由鹿秀凤、冯建雨任主编，于坤林、栾润生任副主编，吴道明、白祥、石磊、杜拓、刘邹参与编写。具体分工如下：山东理工职业学院鹿秀凤编写第1章，长沙航空职业技术学院于坤林编写第2章，江苏安全技术职业学院白祥编写第3章，内蒙古电子信息职业技术学院石磊编写第4章，安徽公安职业学院栾润生编写项目1，重庆航天职业技术学院吴道明编写项目2，河南省洛阳经济学校杜拓编写项目3。山东理工职业学院无人机教学团队冯建雨、刘邹参与了本书编写工作，并给予了有益指导。山东龙翼航空科技有限公司工程师杨则允、山东博远视讯信息科技有限公司工程师朱传章等企业专家对教材编写提供了技术支持，在此一并表示衷心感谢。

在编写过程中，编者参阅了国内外出版的有关教材和资料，山东省教育厅评审专家、主审专家在评审及审稿过程中对本书内容及体系提出了很多中肯和宝贵的建议，在此对他们表示衷心的感谢！

由于编者水平有限，书中不妥之处在所难免，恳请读者批评指正。

编　者

CONTENTS
目 录

CONTENTS

理论篇

无人机概述

第1章

1.1 无人机相关概念

1.1.1 无人机的定义

无人机（Unmanned Aircraft，UA），是由控制站管理（包括远程操纵或自主飞行）的航空器。

无人机系统（Unmanned Aircraft System，UAS），是指由无人机以及与其相关的遥控站（台）、任务载荷和控制链路等组成的系统。事实上，无人机要完成任务，除需要无人机及其携带的任务设备外，还需要有地面控制设备、数据通信设备、维护设备，以及指挥控制和必要的操作、维护人员等，较大型的无人机还需要专门的发射／回收装置。完整意义上的无人机应称为无人机系统，如图 1-1 所示。

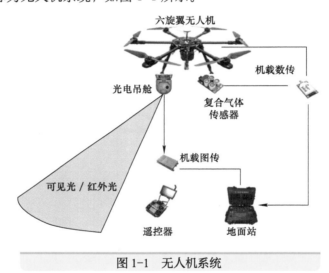

图 1-1 无人机系统

无人机系统驾驶员，是对无人机的运行负有必不可少职责并在飞行期间适时操纵无人机的人。

无人机系统的机长，是指由运营人指派，在系统运行时间内负责整个无人机系统运行和安全的驾驶员。

1.1.2 无人机与航模的区别

下面从定义、飞控系统、自动控制、组成、用途和管理六个方面梳理无人机与航模的区别。

1. 定义不同

航空模型是一种重于空气的，有尺寸限制的，带有或不带有动力装置的，不能载人的航空器。航空模型要在视距内飞行，视距不超过 500m。也就是说人站在一个地方观看航空器，这个距离不超过 500m，相对高度不超过 120m。

无人机是一种由无线电遥控设备或自身程序控制装置操纵的无人驾驶飞行器。无人机可以用遥控器、计算机、地面站等来指挥。无人机可长距离、长航时飞行，飞行距离可达几千千米。由北京航空航天大学研发的"冯如三号-100型"无人机持续飞行80h 46min 35s，刷新了世界纪录，彰显了北京航空航天大学青年学子"空天报国、敢为人先"的拳拳赤子之心。

2．飞控系统不同

无人机通过复杂的中央飞控系统，与地面控制参数进行交互，控制无人机的姿态和机动实现自主飞行。

航模虽然也是无人驾驶，但其飞行是在操控人员的视距范围内，由操控人员遥控航模实现其机动和姿态的调整。也可以说，无人机本身是带了"大脑"飞行，而其"大脑"受限于人工智能。但航模的"大脑"始终是在地面，在操控人员的手上。

3．自动控制不同

在自动控制方面，无人机能够智能应对各种情况，根据要求执行任务，与地面站进行数据融合和任务确认，并按要求进行下一步操作。而大多数航模的自动控制仅实现失控后的自动返航。

4．组成及用途不同

无人机的组成比航模要复杂。无人机系统由飞行平台、动力系统、飞控导航系统、链路系统、任务系统、地面站等组成。无人机的用途主要是为了执行特定任务，追求的是系统的任务完成能力，科技含量较高。

航空模型由飞行平台、动力系统、视距内遥控系统组成。其用途主要是为了大众的观赏及娱乐，追求的是外观的仿真或飞行姿态的优美等，科技含量并不高。部分高档的航空模型和低档的无人机在飞行平台、动力系统部分并无太大区别。

5．安全管理不同

在我国，航模由国家体育总局航空无线电模型运动管理中心管理。民用无人机由中国民用航空局统一管理。

1.2 无人机的分类

近年来，国内外无人机相关技术得到快速发展，形成了种类繁多、用途广泛的多类型无人机现状。一般情况下，可根据用途、飞行平台构型、活动半径、规格、任务高度、飞行速度和使用次数等的不同，对无人机进行分类。

1.2.1 按用途分类

按照用途的不同，可将无人机分为军用无人机和民用无人机。

军用无人机可分为侦察无人机、诱饵无人机、电子对抗无人机、通信中继无人机、无人战斗机以及靶机等。军用无人机模型如图 1-2 所示。

民用无人机可分为巡查 / 监视无人机、农用无人机、气象无人机、勘探无人机以及测绘无人机等。民用无人机模型如图 1-3 所示。

图 1-2　军用无人机模型

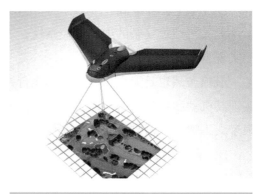
图 1-3　民用无人机模型

1.2.2　按飞行平台构型分类

按照飞行平台构型的不同，可将无人机分为固定翼无人机、旋翼无人机、无人飞艇、伞翼无人机和扑翼无人机等。其中固定翼无人机和旋翼无人机的应用比较广泛。旋翼无人机可分为单旋翼无人机（即无人直升机）和多旋翼无人机。多旋翼无人机是一种具有三个及以上旋翼轴的特殊无人驾驶旋翼飞行器。

1.2.3　按活动半径分类

按照活动半径的不同，可将无人机分为超近程无人机、近程无人机、短程无人机、中程无人机和远程无人机。

超近程无人机的活动半径小于或等于 15km，近程无人机的活动半径为 1 ～ 50km，短程无人机的活动半径为 50 ～ 200km，中程无人机的活动半径为 200 ～ 800km，远程无人机的活动半径大于 800km。

1.2.4　按规格分类

按照规格的不同，可将无人机分为微型、轻型、小型以及大型无人机。

微型无人机是指空机质量小于或等于 7kg 的无人机，如图 1-4 所示。轻型无人机是指空机质量大于 7kg，但小于或等于 116kg 的无人机，如图 1-5 所示。小型无人机是指空机质量大于 116kg，但小于或等于 5700kg 的无人机。大型无人机是指空机质量大于 5700kg 的无人机。

图1-4 微型无人机

图1-5 轻型无人机

1.2.5 按任务高度分类

按照任务高度的不同，可将无人机分为超低空无人机、低空无人机、中空无人机、高空无人机和超高空无人机。

超低空无人机的任务高度一般为0～100m，低空无人机的任务高度一般为100～1000m，中空无人机的任务高度一般为1000～7000m，高空无人机的任务高度一般为7000～18000m，超高空无人机的任务高度一般大于18000m。

1.2.6 按飞行速度分类

按照飞行速度的不同，可将无人机分为亚声速无人机、超声速无人机和高超声速无人机。

1.2.7 按使用次数分类

按照使用次数的不同，可将无人机分为单次使用无人机和多次使用无人机。

单次使用无人机发射后不回收，也不需要在机上安装回收系统。多次使用无人机是指需要重复使用，并且要求回收的无人机。

1.3 无人机的用途

1. 拍摄影像

拍摄影像是无人机目前比较常见的应用。如使用无人机在空中进行全景或跟踪拍摄。

2. 运送快递

利用无线电遥控设备和自备的程序控制装置操纵无人机运载包裹，自动送达目的地。目前沃尔玛百货公司、顺丰速运（以下简称顺丰）的物流产品中已有无人机派送业务，但该项业务未在大范围推广。

3．喷洒农药

可利用无人机为农作物喷洒农药。该方式适用于深水田、丘陵、高山、灌木等复杂作业环境，效果好，环保又安全，可以有效提升农业生产率。

4．防盗追踪

利用无人机代替警卫犬实现防盗追踪。当发现可疑行为时，可运用无人机进行追踪，在追踪过程中无人机可拍摄视频，并将现场视频发送给控制中心。

5．电力巡检

利用无人机进行电力杆塔、基站铁塔的巡检，完成各类现场的勘查工作，可有效减少依靠纯人力巡检的工作量，在提高工作效率的同时可确保人身安全。

6．协助执法

利用无人机可为现场执法力量提供可见光和红外热成像侦查画面或投撒传单、空中喊话、投掷催泪弹、求生物资，将现场情况和方位信息第一时间传输到远程指挥中心。

7．抢险救灾

利用无人机执行震情勘察、协助救援和物资运送等任务，为气候恶劣、地势复杂的灾区开辟一条"空中通道"，并将航拍画面及时传回指挥中心。

8．网络服务

无人机通过不间断地飞行扩大互联网的覆盖范围，向没有通信基站或有线电话连接的地区提供网络服务。

1.4 无人机的发展历程和市场前景

1.4.1 军用无人机的发展

1．军用无人机的发展现状

对于无人机的研究和使用，最早出现在美国。1909 年，世界上第一架无人机在美国试飞。后来，英、德两国也开始进行无人机相关技术的研发，并且在 1917 年先后取得成功。自无人机问世以来，其在军事领域的应用更为广泛。20 世纪 60 年代，美国已经开始将无人机应用到军事领域进行军事侦察、空中打击和目标摧毁。20 世纪 80 年代，以色列使用 BQM-74C 无人机模拟作战机群，掩护战斗机超低空突防，摧毁了埃及沿苏伊士运河部署的地空导弹基地。20 世纪 90 年代，以色列利用"猛犬"无人机摧毁了黎巴嫩一些重要的导弹基地。在 20 世纪末，很多的国家已经研制出新型的军用无人机，并且纷纷应用到军事领域，用于战场情报侦察、低空侦察和掩护、战场天气预报、战况评估、电子干扰和对抗、目标定位摧毁等，在一定程度上改变了军事战争和军事调动的原始形式。

2. 军用无人机的类型

随着科学技术的发展，军用无人机的发展日趋成熟，它与有人机相比具有一定的优势。相对于有人机无人机的操作简单，材料花费较小，可以实现无飞行员亲自驾驶，人员伤亡率低；隐蔽性较好，不易暴露，获取情报的真实度较高；起飞滑跑距离较短，易于起飞和降落。

按照功能的不同，可以将无人机划分为以下几个类型：

1）靶机：主要用于训练飞行员和防空兵及测试其他防空兵器的性能。

2）侦察机：主要用于战场相关情报的搜集和处理。

3）诱饵机：主要用于诱使敌方雷达，进行空中打击。

4）电子对抗机：主要是对敌机、指挥系统等开展电子干扰和信息侦查。

5）攻击机：主要用于目标打击和战场摧毁。

6）战斗机：主要用于空袭或地面打击。

7）其他无人机：用于激光照射、核辐射的侦察等。

3. 军用无人机未来的发展趋势

现代的战争不再是常规武器之间的较量，而是科学技术之间的比拼。军用无人机在军事领域使用的范围也在不断拓展，很多高危险、高强度的有人机任务正在被无人机所取代，并且对于以往军事领域有人机未曾涉入的任务，无人机也开始进行尝试工作。现如今，军用无人机的用途更为广泛，其在侦察、评估、打击、攻击、掩护、支援和救护等行动中，无人机的作用愈加突出，实用价值节节攀升。未来军用无人机的发展方向和趋势主要有以下几个方面：

（1）微型化无人机　无人机在军事领域的使用愈加广泛，由于其体积小，成本低，未来的战场需要更多的这种无人机，以满足军事作战的需要，这就要求无人机的研制要突出微型化的设计，在降低成本的同时优化功能，完成既定的作战任务和作战目标。

（2）高空、高速无人机　对于无人机的发展，需要新型的高空、长航动力装置，如液（气）冷式涡轮增压活塞发动机、涡轮风扇发动机、转子发动机等，以实现无人机在高危险、高强度的条件下工作，能完成高空、高速作业。

（3）隐形无人机　对于现有的无人机，部分具有隐形功能，但是效果不佳。为了实现无人机的高隐蔽性，很多的国家正在攻克这个难题。高隐蔽材料的研制，防噪声控制技术的研发都在按部就班地开展着，这也是提高无人机的作战效能和战场生存能力的必要条件。

（4）攻击型无人机　未来的无人机还需要强有力的攻击性，这种攻击是全方位的，包括地面打击、空中袭击、空中对抗、导弹拦截、目标锁定攻击等。

1.4.2 民用无人机的发展

1. 民用无人机的发展概况

自 21 世纪初以来，世界各国在继续加大军用无人机投入的同时，也采取各种手段促进无人机向民用领域发展。美国国家航空航天局在 2002 年成立了一个无人机应用中心，致力于无人机的民用研究。以色列组建民用无人机及其工作模式的实验委员会，加强对民用无人机的管理和支持。欧洲在 2006 年制定并立刻多方集资付诸实施"民用无人机发展线路图"，以加快无人机的民用化步伐。此外，韩国、日本、印度、澳大利亚和新加坡等国也加快无人机民用化步伐。

1958 年 8 月 3 日，我国西北工业大学研制出了中国第一套无人机系统，并在西安窑村机场试飞成功，开创了我国无人机事业的先河。20 世纪 60 年代，西北工业大学研制出了"D-4 民用无人机系统"，用于航空摄影、物理探矿、灾情监视等。2006 年，汪滔创办深圳市大疆创新科技有限公司（以下简称大疆科技）专注于消费级无人机。此后，零度智控（北京）智能科技有限公司（以下简称零度智控）、广州极飞科技有限公司（以下简称极飞科技）、广州亿航智能技术有限公司（以下简称亿航科技）等纷纷成立，我国民用无人机市场开始迅速发展。2013 年以后，我国无人机市场再添新员，山东矿机集团股份有限公司、广东伊立浦电器股份有限公司、江苏金通灵流体机械科技股份有限公司（以下简称金通灵）、重庆宗申动力机械股份有限公司（以下简称宗申动力）等大型企业纷纷采用各种方式涉足民用无人机行业；大疆科技、零度智控等公司也纷纷地加快融资步伐，以更好地适应市场的发展。

2. 民用无人机行业的发展特点

（1）发展迅速、市场前景好 2015—2018 年，我国民用无人机市场规模快速扩张，2018 年，中国民用无人机的市场规模首次突破百亿人民币。随着《中国制造 2025》的出台，民用无人机行业作为高端制造业中的一员，将迎来新的发展机遇。预计到 2025 年，我国民用无人机市场规模有可能达到 750 亿人民币。

（2）应用领域广泛 无人机凭借操纵方便、使用灵活、作业效率高、相对成本低的优势，已经广泛应用于气象监测、国土资源执法、环境保护、管道巡检、农林调查、遥感航拍、抗震救灾、快递和新闻等领域。在 2008 年的"5·12"汶川地震救援过程中，由北京安翔动力科技有限公司研制的小型低空遥感无人机——飞象 1 号，发挥了重要的作用。2013 年，国内的顺丰速运与极飞科技合作，开启了"无人机送货"的项目实验。2015 年，新华网宣布正式成立新闻无人机编队，无人机在我国的新闻行业开始崭露头角。2017 年，美团无人机配送外卖项目正式启动，致力于打造 3km、15min 送达的低空物流网络。2021 年，军民两用"翼龙"-2H 应急救灾型无人机在河南上空执行 5～6h 的侦查和中继任务，为受灾民众提供中国移动公网通信。

（3）突发事件多、监管缺失 近年来，民用无人机市场日益火爆，"黑飞"（指没有取得无人机飞行资格的企业和个人私自驾驶无人机的行为）导致的突发事件也层出不穷。2013 年 12 月，北京某公司私自使用测绘无人机导致首都机场十余次航班延误，两次航班避让。2015 年 1 月，美国白宫发生无人机坠毁事件。"黑飞"不仅扰乱了国家空域管理，也对公民的隐私构成极大的威胁，有时甚至会引发国家安全问题。

3．民用无人机的发展趋势

（1）智能化　无人机在发展过程中面临劳动力成本上升，无人机资格审查变严的问题。企业要想进一步发展，提高民用无人机的智能化水平是重要途径之一，以便更好地满足市场需求，减少无人机驾驶员的使用数量，从而降级操作人员的费用，增加企业利润。此外，近些年人工智能技术的发展，为无人机的智能化奠定了技术基础。提高无人机的自动识别目标、规避特定目标的能力，能够更好地发挥无人机的优势，深化无人机在民用领域的应用，符合市场发展趋势。

（2）产业化　随着民用无人机市场的发展，消费者的需求更加多样化。单个企业满足消费者多变的需求是非常困难的，并且企业的研发能力有限，完全由自己进行整机生产在未来是很难实现的。这就需要无人机行业进行产业化发展，逐步实现全产业链的资源整合，优势互补。行业内部会逐步出现在材料研发、系统研发、外形设计、零件生产、销售等各个环节占有优势的企业，这种发展趋势在我国更为明显。目前，深圳几乎可以生产民用无人机所有的电子元器件。宗申动力和天津内燃机研究所签订协议，进行无人机的发动机研究。金通灵成功研制出 70kg 推动力的小型涡轮喷气发动机。零度智控在无人智能系统开发方面有重要的优势，极飞科技专注于民用无人机飞行系统的研发。隆鑫通用动力股份有限公司和德奥通用航空股份有限公司具备民用无人机核心零部件生产能力。

（3）品牌化　品牌是一个企业的无形资产，民用无人机行业中的企业应该注重自己的品牌建设。从行业发展的生命周期来看，民用无人机行业正处于发展期。随着无人机技术的成熟，该行业所提供的产品在行业成熟期会出现产品同质化的现象。这时产品的功能基本相似，企业要想占据较大的市场份额，实现高回报，品牌建设是其途径之一。企业可以建立品牌俱乐部，定期举办活动，用以维系消费者和企业之间的情感关系，加强消费者和品牌的黏合度，提高消费者的顾客忠诚度，实现企业利润最大化的目标。

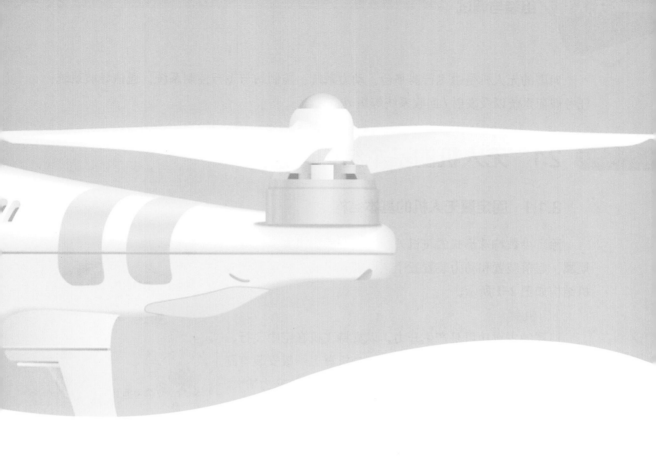

无人机

结构与系统组成

第2章

典型的无人机是由飞行器平台、动力系统、控制站与飞行控制系统、通信导航系统、任务载荷系统以及发射／回收系统等组成。

2.1 无人机的基本结构

2.1.1 固定翼无人机的基本结构

除了少数特殊形式的飞机外，飞机一般由机翼、机身、尾翼、起落装置和动力装置五个主要部分组成，固定翼无人机结构如图 2-1 所示。

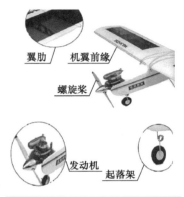

图 2-1 固定翼无人机结构

1. 机翼

机翼的主要功用是产生升力，以支持飞机在空中飞行，同时也起到一定的稳定和操作作用。在机翼上一般安装有副翼和襟翼，操纵副翼可使飞机滚转，放下襟翼可使升力增大。机翼上还可安装发动机、起落架和油箱等。不同用途的飞机其机翼形状和大小也各有不同。

2. 机身

机身的主要功用是装载人员、货物和各种设备，将飞机的其他部件，如机翼、尾翼及发动机等连接成一个整体。

3. 尾翼

尾翼包括水平尾翼和垂直尾翼。水平尾翼由固定的水平安定面和可动的升降舵组成，有的高速飞机将水平安定面和升降舵合为一体，成为全动平尾。垂直尾翼包括固定的垂直安定面和可动的方向舵。尾翼的作用是操纵飞机俯仰和偏转，保证飞机能平稳飞行。

4. 起落装置

飞机的起落架大都由减振支柱和机轮组成，其作用是起飞、着陆滑跑，地面滑行和停放时支撑飞机。

5. 动力装置

动力装置主要用来产生拉力或推力，使飞机产生前进的动力。

飞机上除了这五个主要部分外，根据飞机操作和执行任务的需要，还装有各种仪表、通信设备、领航设备、安全设备等其他设备。

2.1.2 多旋翼无人机的基本结构

多旋翼无人机的飞行控制

多旋翼无人机的组成一般包括机架、起落架、动力装置、螺旋桨、飞控系统、遥控装置、GNSS 模块、任务设备和数据链路，如图 2-2 所示。

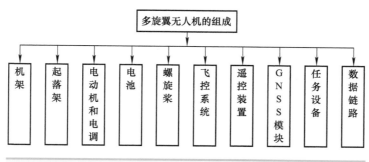

图2-2　多旋翼无人机的组成

1. 机架

机架是大多数设备的安装位置，也是多旋翼无人机的主体，也称为机身。动力装置和飞控板（飞行控制器）等设备都要安装在机架上面。根据悬臂个数不同分为：三旋翼，四旋翼，六旋翼，八旋翼，十六旋翼，十八旋翼等，也有四轴八旋翼，结构不同叫法也不同。

（1）机架类型　按材质的不同，一般可以将机架分为以下几种类型：

1）塑胶机架。其主要特点是具有一定的刚度、强度和可弯曲度，价格比较低廉。

2）玻璃纤维机架。其主要特点是强度比较高，而且需要的材料很少，可以减轻整体机架的重量。

3）碳纤维机架。其主要特点是价格要贵一些，但重量轻。

基于结构强度和重量考虑，一般采用碳纤维机架，如图2-3所示。

图2-3　碳纤维机架

（2）机架作用　机架的主要作用如下：

1）提供安装接口。这些接口包括安装和固定电动机、电子调速器、飞控板的螺纹孔。

2）为整体提供稳定和坚固的平台，使电动机在转动过程中不会毁坏其他设备，并为传感器提供一个稳定的平台。

3）用于安装起落架等缓冲设备，为飞行器提供安全的起飞和降落条件，避免损坏其他仪器。

4）为其他装置提供相应的保护，保护飞行器本身和可能接触到的操作人员。

2. 起落架

起落架是多旋翼无人机唯一和地面接触的部位。作为整个机身在起飞和降落时候的缓冲，也是为了保护机载设备，要求起落架具有强度高，结构牢固，和机身保持相当可靠的连接，能够承受一定的冲力等特点。一般在起落架前后安装或涂装不同的颜色，用于在远距离飞行时能够区分多旋翼无人机的前后面。

3．动力装置

多旋翼无人机的动力装置通常采用电动系统，主要由电池、电子调速器、电动机和螺旋桨四个部分组成。

4．飞控系统

飞控系统主要由陀螺仪、加速度计、角速度计、气压计、GPS 模块、指南针和控制电路等组成，主要功能是计算并调整无人机的飞行姿态，控制无人机自主或半自主飞行。

2.1.3　无人直升机的基本结构

无人直升机的基本结构一般包括：机身、主旋翼、尾桨、操纵系统、传动系统、电动机或发动机和起落架等。

1）无人直升机机身的主要功能是装载燃料、货物和设备等，同时作为无人直升机安装基础，把各部分连成一个整体。

2）主旋翼由桨叶和桨毂等部件组成，主要功能是将桨叶旋转的动能转换成旋翼的升力和拉力。

3）尾桨一般安装在尾梁后部、尾斜梁或垂尾上，主要功能是平衡旋翼的反转矩、改变尾桨的推力（或拉力），实现对无人直升机航向的控制和提供一部分升力等。尾桨分为推式尾桨和拉式尾桨两种类型。

4）操纵系统主要由自动倾斜器、座舱操纵机构和操纵线系等组成，主要功能是用来控制无人直升机的飞行。无人直升机的垂直、俯仰、滚转和偏航四种运动形式分别对应总距操纵、纵向操纵、横向操纵和航向操纵四个操纵。

5）传动系统主要由减速器、传动轴、尾减速器及总监减速器组成，主要功能是将发动机的动力传递给主旋翼和尾桨。

2.2　无人机动力系统

2.2.1　电动力系统

电池动力装置由螺旋桨、电子调速器、电动机和电池四个部分组成。

螺旋桨

1．螺旋桨

螺旋桨安装在电动机上，多旋翼无人机安装的都是不可变总距的螺旋桨。螺旋桨的规格是四位数字，前面两位数字代表桨的直径（单位：in，1in=25.4mm），后面两位数字是桨的螺距。多旋翼无人机安装的螺旋桨如图 2-4 所示。

图 2-4　螺旋桨

四轴飞行为了抵消螺旋桨的自旋，相邻的桨旋转方向是不一样的，所以需要正桨和反桨。正、反桨的风都向下吹。俯视旋转方向，逆时针方向旋转的桨称为正桨（CCW），顺时针方向旋转的桨称为反桨（CW）。安装时需要注意的是，无论是正桨还是反桨，有字的一面是向上的（桨叶圆润的一面要和电动机旋转方向一致）。

电动机与螺旋桨的搭配原则：螺旋桨越大，升力就越大，但对应的需要更大的力量来驱动；螺旋桨转速越高，升力越大；电动机的 KV 值越小，转动力量就越大。因此，大螺旋桨就需要用低 KV 值电动机，小螺旋桨就需要高 KV 值电动机（因为需要用转速来弥补升力不足）。如果高 KV 值带大桨，力量不够，那么就很困难，实际还是低速运转，电动机和电子调速器很容易烧坏；如果低 KV 值带小桨，完全没有问题，但升力不够，可能造成无法起飞。

对于电动机需要使用对应的螺旋桨，表 2-1 中列出了几种电动机与桨的选择。

表 2-1　电动机与桨的选择

电动机（KV 值）	桨
800 ～ 1000	11 ～ 10 英寸桨
1000 ～ 1200	10 ～ 9 英寸桨
1200 ～ 1800	9 ～ 8 英寸桨
1800 ～ 2200	8 ～ 7 英寸桨
2200 ～ 2600	7 ～ 6 英寸桨
2600 ～ 2800	6 ～ 5 英寸桨
>2800	9050 桨

2. 电子调速器

（1）电子调速器的作用与连接　动力电动机的调速系统统称为电调，全称为电子调速器，针对动力电动机的不同，可将电调分为有刷电调和无刷电调。无刷电调如图 2-5 所示。

电调的作用就是将飞控板的控制信号转变为电流的大小，以控制电动机的转速。连接一般有如下情况：

图 2-5　无刷电调

1）电调的输入线与电池连接。

2）电调的输出线（有刷两根，无刷三根）与电动机连接。

3）电调的信号线与接收机连接。

电调一般有电源输出功能，即在信号线的正负极之间有 5V 左右的电压输出，通过信号线为接收机及舵机供电。

电调都会标有其能够提供的电流，如 20A，40A。大电流的电调可以兼容用在小电流的地方。小电流电调不能超标使用。常见新西达 2212 加 1045 桨最大电动机电流有可能达到 5A，建议为其配置 30A 或 40A 的电调。

（2）电调的选择　电动机确定好后，便知其最大电流，可以根据电动机的最大电流选择电调。选择时一般遵循如下：

1）电调的输出电流必须大于电动机的最大电流。

2）电调能够承受的最大电压要大于电池电压。

3）电调最大电压不能超过电动机能够承受的最大电压。

4）电调最大持续输出电流要小于电池持续输出电流。

例如，现有电动机带桨的最大电流是 20A，那么就必须选取能输出 20A 以上电流的电调（25A、30A、40A 都可以），越大越保险。

另外，电池的放电电流达不到电调的电流时，电调就发挥不了最高性能，而且电池会发热，导致爆炸，所以一般情况都要求电池的电流大于电调的电流。

3．电动机

（1）特点　无人机使用电动机提供动力，具有其他动力装置无法比拟的特点，如结构简单、重量轻、使用方便，可使无人机的噪声和红外特性很小，同时又能提供与内燃机不相上下的比功率。电动机尤其适合为低空、低速及微型无人机提供动力。

民用无人机使用的动力电动机可以分为两类：有刷电动机和无刷电动机。其中有刷电动机在无人机领域已经不再使用。

（2）常用参数　电动机常用的参数包括 T 数，KV 值和尺寸。

1）T 数：线圈绕的圈数，例如线圈绕了 21 圈，则为 21T。无刷电动机因为结构限制，常见线圈缠绕方式是从输入端开始，结束于另外一侧，因此都是多半圈，于是大多数都是 4.5T，8.5T，21.5T。

2）KV 值：转速 /V，即输入电压增加 1V，无刷电动机空转增加的转速值。例如 1000KV 电动机，外加 1V 电压，电动机空转时每分钟转 1000 转，外加 2V 电压，电动机空转时每分钟转 2000 转。单从 KV 值的大小不可以作为评价电动机的标准，因为不同 KV 值适用于不同尺寸的桨，绕线匝数多的，KV 值小，最高输出电流小，但扭力大，需要大尺寸的桨；绕线匝数少的，KV 值大，最高输出电流大，但扭力小，需要小尺寸的桨。

3）尺寸：电动机的型号，包括 4 位数字，如 2212 无刷外转子电动机、2018 电动机等，这表示电动机的尺寸。前面 2 位数字表示电动机定子的直径，后面 2 位数字表示电动机转子的高度。需要注意的是，这是定子的尺寸，不是外壳尺寸。简单来说，前面 2 位数字越大，电动机越宽，后面 2 位数字越大，表示电动机越高。又高又大的电动机，功率就更大，适合做大四轴。通常 2212 电动机是最常见的配置。

4. 电池

（1）锂聚合物电池

1）电池容量。用 A·h（安·时）或者 mA·h（毫安·时）标注，这表示在一定条件下电池放出的电量大小。例如标称 1000mA·h 电池，如果以 1000mA 放电，可持续放电 1h。如果以 500mA 放电，可以持续放电 2h。但是因为电池放电过程并不均匀，实际值和理论值还是有些差距。电池容量也可以 W·h 表示，A·h 乘以电压（V）就是 W·h。

2）电池电压。用 V（伏）标注，表示电池正极和负极之间的电压降。目前工业生产的每一个锂聚合物电池单体电芯的额定电压都是 3.7V，为了让电池能有更高的工作电压和电量，必须对电池单体电芯进行串联和并联，构成锂聚合物电池组，电池组上面经常出现 S 和 P 的字样，S 表示串联，P 表示并联。例如"6S1P"表示 6 节电芯串联，"4S2P"表示每 4 节电芯串联，然后 2 串这样的电芯组再并联成一块完整的电池。电芯单体 1 节标注电压为 3.7V，充满电压为 4.2V。锂聚合物电池电芯组合方式如图 2-6 所示。

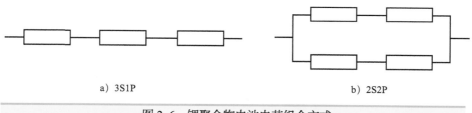

a）3S1P   b）2S2P

图 2-6 锂聚合物电池电芯组合方式

3）放电倍率。锂聚合物电池能以很大电流放电，而普通锂离子电池不能以大电流放电，这是两者重要的区别之一。放电倍率代表了锂聚合物电池放电电流的大小，代表了电池的放电能力，这个放电能力用 C 来表示，表示电池充/放电时电流大小的比率，即倍率。例如 2200mA·h 的电池，0.2C 放电表示放电电流为 440mA（2200mA·h 的 0.2 倍率），1C 放电表示放电电流 2200mA，即 2.2A。如果用低 C 数的电池大电流放电，电池会迅速损坏，甚至自燃。另外，倍率越高的电池价格越贵，同容量的 30C 电池价格可能是 5C 的 3～4 倍。

4）充电倍率。充电倍率也是用 C 表示，只是将放电变成了充电，如 1000mA·h 电池，2C 充电，就代表可以用 2A 的电流来充电。超过规定参数充电，很容易缩短电池寿命，甚至使其损坏。

5）放电终止电压。锂离子电池的额定电压为 3.6V（锂聚合物为 3.7V），终止放电电压为 2.5～2.75V（由电池生产企业给出工作电压范围或给出终止放电电压，各参数略有不同）。电池的放电终止电压不应小于 2.5V，低于终止放电电压继续放电称为过放。过放会使电池寿命缩短，严重时会导致电池失效，其中锂聚合物电池过放会发生"胀肚"现象，内部产生气体，不可复原。电池不用时，应将电池充电到安全电压值（3V 以上）

范围内。

6）放电温度。在不同温度下，锂离子电池的放电电压及放电时间也不同，电池应在 −20 ～ 60℃ 温度范围内进行放电工作。锂聚合物电池中的聚合物和凝胶态电解质的离子传导率不如普通锂电池液态电解质那么高，其在高倍率放电和低温情况下性能不佳。因此，在低温环境飞行时，飞行前需要给电池做好保温。

（2）智能锂电池　多旋翼无人机飞行器或航模基本使用了可充电的锂电池，这种电池的特点是不能过放电，一旦过放就意味着电池性能的下降。为了避免过放电，人们在电池组里增加了过放电保护电路，当放电电压降到预设电压值时，电池停止向外供电。这是智能电池自我保护的最后一道防线，在此之前，管理电路还是要计算出末端续航时间为用户提供预警，以便用户有足够的时间采取相应的安全措施。

对于续航时间的计算，有些生产企业针对无人机用户专门对其电池做了如下安全优化：

第一级：当检测到电量剩余 30% 时，开始报警，提示用户应该注意剩余电量，提前做好返航准备。

第二级：当检测到剩余电量仅够返航时，开始自动执行返航；而这个时间点的把握，与飞行距离、高度有关，是智能电池数据与无人机飞控数据融合后实时计算出来的。

第三级：当检测到剩余电量都不足以维持正常返航时（例如在返航途中遇到逆风，有可能超出预估的返航时间），执行原地降落，以最大限度避免无人机因缺电导致坠毁。

续航时间的计算结果与飞行距离、飞行高度、当前电动机输出功率等因素有关。这些因素是动态变化的，而且变化幅度可能很大，都需要实时计算，这对智能锂电池管理芯片和算法设计都提出了极高的要求。

2.2.2　油动力系统

1. 活塞式发动机

（1）活塞式发动机的构造和原理　活塞式发动机是将燃料在发动机气缸内部燃烧，将燃料的化学能转变成热能，然后又将热能推动气缸内的活塞做功，转变成机械能的机器。

活塞的结构如图 2-9 所示，其在工作时气缸的工作容积变化如图 2-10 所示。使油料燃烧的方法有两种：采用高压电火花点燃或通过压缩空气产生高温使油料自燃。用电火花点燃油料进行燃烧的发动机称为点燃式发动机（图 2-7），比如汽油机；利用压缩空气产生的高温点燃油料进行燃烧的发动机称为压燃式发动机（图 2-8），比如柴油机。常见的压燃式发动机还包括二冲程的甲醇发动机。同一种燃料既可以用点燃方式燃烧，也可以用压燃方式燃烧，如压缩天然气发动机。区别点燃式与压燃式发动机的关键，要看引起燃烧的点火方式。

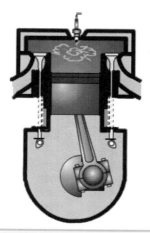

图 2-7　点燃式汽油发动机

图 2-8　压燃式柴油发动机

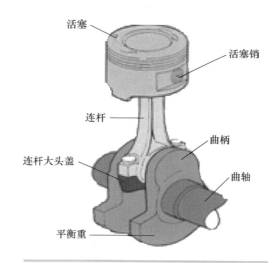

图 2-9　活塞的结构

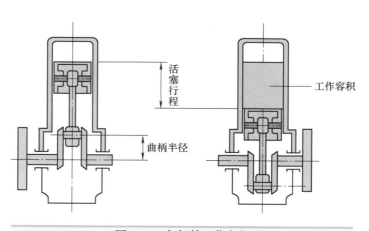

图 2-10　气缸的工作容积

　　根据活塞式发动机的工作原理的不同，还可以把活塞式发动机分为二冲程发动机和四冲程发动机两种类型。

　　（2）四冲程发动机的工作原理及构造　　四冲程汽油发动机的结构如图 2-11 所示，其工作原理如图 2-12 所示。

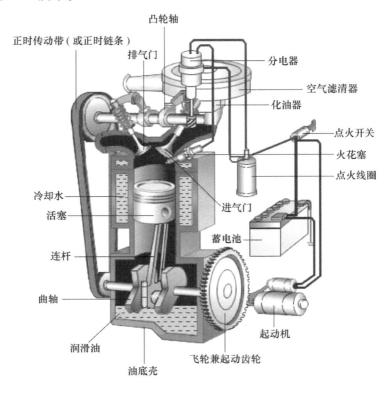

图 2-11　四冲程汽油发动机结构

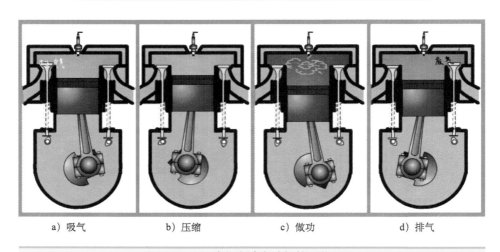

a）吸气　　　　b）压缩　　　　c）做功　　　　d）排气

图 2-12　四冲程汽油发动机的工作原理

　　1）吸气：此时，活塞被曲轴带动由上止点向下止点移动，同时，进气门开启，排气门关闭。当活塞由上止点向下止点移动时，活塞上方的容积增大，气缸内气体压力下降，形成一定的真空度。由于进气门开启，气缸与进气管相通，混合气被吸入气缸。

空气由空气滤清器经进气道上的化油器，将汽油吸入并雾化成细小的油粒与空气混合，即形成可燃混合气，而后进入气缸。

当活塞移动到下止点时，气缸内充满了新鲜混合气并含有部分上一个工作循环未排出的废气。

2）压缩：活塞由下止点移动到上止点，进气门和排气门同时关闭。曲轴在飞轮惯性力的作用下旋转，通过连杆推动活塞向上移动，气缸内的气体容积逐渐减小，气体被压缩，气缸内的混合压力与温度随之升高。

一般情况下，压缩比不可太大，通常为 6 ～ 8.5，个别可达 9.5 ～ 10，但压缩比太大可引起可燃混合气过早爆燃，并产生爆震，导致汽油机功率下降，工作条件恶化。

3）做功：此时进气门和排气门同时关闭，火花塞点火，混合气剧烈燃烧，气缸内的温度、压力急剧上升，高温、高压气体推动活塞向下移动，通过连杆带动曲轴旋转。在发动机工作的四个过程中，只有在这个行程才能实现由热能转化为机械能。因此，这个行程称为做功行程。

4）排气：此时排气门打开，活塞从下止点移动到上止点，废气随着活塞的上行被排出气缸。由于排气系统的阻力，且燃烧室也有一定的容积。因此，在排气终了时不可能将废气排净，这部分留下来的废气称为残余废气。残余废气不仅影响充气，对燃烧也有不良影响。

（3）二冲程发动机的构造和工作原理　二冲程汽油发动机的结构如图 2-13 所示，其工作原理如图 2-14 所示。

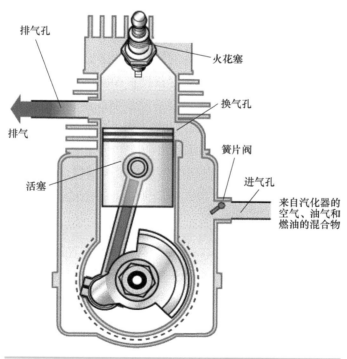

图 2-13　二冲程汽油发动机的结构

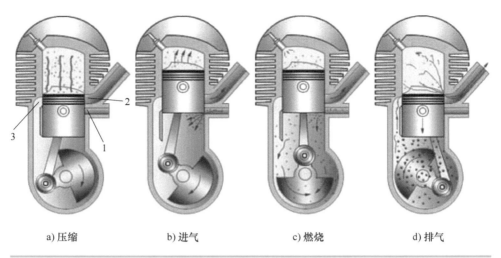

a) 压缩　　　　　　b) 进气　　　　　　c) 燃烧　　　　　　d) 排气

图 2-14　二冲程汽油发动机工作原理

1—进气道　2—排气道　3—扫气道

1）压缩、进气：活塞由下止点向上止点移动，关闭扫气口和排气口，压缩已经进入气缸的混合气。由于活塞上移，使活塞下部密闭的曲轴箱内容积不断加大，压力降低，形成真空度。当活塞下边缘将进气口打开时，在大气压力的作用下，可燃混合气被吸入曲轴箱内。

2）燃烧、排气：当上一行程活塞接近上止点时，火花塞点火，点燃已压缩的混合气体。由于混合气体燃烧并急剧膨胀，推动活塞向下移动做功，同时压缩了曲轴箱内的可燃气体。活塞向下移动将排气口打开，具有一定压力的废气很快经排气口冲出体外。活塞继续向下移动，随即扫气口也被打开（扫气口上缘略低于排气口下缘），曲轴箱内被压缩的可燃混合气经扫气口进入气缸内，同时驱使气缸内的废气继续排出。

二冲程汽油发动机，顾名思义就是活塞经过两次单向运动且曲轴旋转一周，就产生一次引擎爆发动力的过程，其结构简单，重量轻、尺寸小，容易维修，在中、高转速时的爆发力强。由于曲轴转动一圈就有一次做功，因此，当二冲程汽油发动机与四冲程汽油发动机气缸工作容积、压缩比、曲轴转速、每循环供油量以及其他条件相同时，二冲程汽油发动机的实际功率将比四冲程汽油发动机的要大（理论上大两倍，但实际上大 0.5～0.6 倍）。与此同时，二冲程汽油发动机耗油大，废气污染大，可靠性和经济性较差。

2. 燃气涡轮发动机

（1）燃气涡轮发动机的组成　航空涡轮发动机一般由进气道、压气机、燃烧室、燃气涡轮和尾喷管五个部分组成。航空涡轮发动机的组成如图 2-15 所示。

（2）燃气涡轮发动机的核心机　压气机、燃烧室、燃气涡轮是发动机的核心组成部分，称为核心机。发动机的工作主要由核心机完成。核心机的工作过程为：空气在压气机中被压缩后，进入燃烧室中与煤油混合燃烧，生成高温燃气驱动燃气涡轮做高速旋转运动，涡轮再通过传动轴（即涡轮轴）带动压气机不断吸进空气并进行压缩，使核心机连续工作。

核心机工作时，进气道和尾喷管分别起使空气顺利通过和排出燃气的作用。

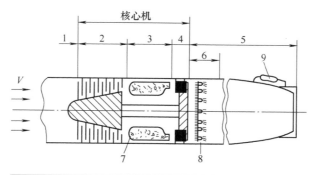

图2-15 航空涡轮发动机的组成

1—进气道 2—压气机 3—燃烧室 4—燃气涡轮 5—尾喷管
6—加力燃烧室 7—喷油嘴 8—加力喷油嘴 9—可调喷口作动筒

按核心机出口（即燃气涡轮出口）燃气的可用能量的利用方式不同，将燃气涡轮发动机分为涡轮喷气发动机、涡轮风扇发动机、涡轮螺旋桨发动机和涡轮轴发动机。

（3）涡轮喷气发动机　简称涡喷发动机，是利用核心机出口燃气的可用能量，在发动机尾喷管中转变成燃气的动能，以很高速度从喷口排出而产生推动力的一种涡轮发动机。

涡喷发动机核心机与其他涡轮发动机相同，不同的是尾喷管的设计应能满足燃气充分膨胀加速的要求，从而得到较大的推力。这种喷管以产生推力为主要作用，又称为推进喷管。常见的推进喷管为收敛管道或先收敛后扩散管道，以利于增大排气速度。

（4）涡轮风扇发动机　简称涡扇发动机，是推进喷管排出燃气和风扇加速空气共同产生推力的涡轮发动机，这种发动机在涡喷发动机组成部分的基础上，增加了风扇和驱动风扇的动力涡轮（也称为低压涡轮）。带动压气机的涡轮即核心机的涡轮在此称为高压涡轮。

（5）涡轮螺旋桨发动机　简称涡桨发动机，是一种主要由螺旋桨提供拉力、燃气产生少量推力的燃气涡轮发动机。这种发动机在涡喷发动机组成部分的基础上，增加了螺旋桨及减速器等部件。涡桨发动机的组成如图2-16所示。

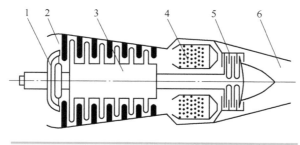

图2-16 涡桨发动机的组成

1—螺旋桨减速器 2—进气口 3—压气机 4—燃烧室
5—燃气涡轮 6—喷管

螺旋桨由涡轮轴通过减速器带动，其传动有两种方式：一种是由驱动压气机的涡轮轴直接带动，称为单轴式涡桨发动机，这种方式需要涡轮输出更大的功率，因此涡轮级数较多。另一种方式是驱动压气机的涡轮与驱动螺旋桨的涡轮分开，各由一根轴与压气机和螺旋桨减速器相连。涡桨发动机的工作过程与涡扇发动机相似，由核心机出来的燃气可用能量，大部分在通过动力涡轮时转变成轴功率输出，用以带动螺旋桨产生拉力，小部分用于在尾喷管中加速气流而产生推力。

涡轮螺旋桨发动机与活塞式发动机相比，具有功率重量比大、振动小、耗油率低、高空性能好的优点，其与涡喷发动机和涡扇发动机相比，也有耗油率低的优点。受螺旋桨不适合高速飞行的限制，涡桨发动机不宜用作高速飞机的动力装置。

（6）涡轮轴发动机　简称涡轴发动机，是利用燃气通过动力涡轮输出功率的一种燃气涡轮发动机，已是现代直升机的主要动力装置。

涡轴发动机的组成部分和工作原理与涡桨发动机相同，只是在核心机出口燃气的可用能量几乎全部转变成动力涡轮的轴功率输出，用以通过减速器带动直升机的旋翼和尾桨，因而燃气不提供推力。动力涡轮的输出轴可以由发动机前部伸出，也可以由后部伸出。

2.3　无人机控制站与飞行控制系统

2.3.1　无人机控制站

无人机地面控制站是整个无人机系统非常重要的组成部分，它包括任务规划、任务回放、实时监测、数字地图、通信数据链在内的集控制、通信、数据处理于一体的综合能力，是整个无人机系统的指挥控制中心。

地面站系统应具有以下典型功能：

1）飞行监控功能。无人机通过无线数据传输链路，下传飞机当前各状态信息。地面站将所有的飞行数据保存，并将主要的信息用虚拟仪表或其他控件显示，供地面操纵人员参考。同时根据无人机的状态，实时发送控制命令，操纵无人机飞行。

2）地图导航功能。根据无人机下传的经纬度信息，将无人机的飞行轨迹标注在电子地图上。同时可以规划航点航线，观察无人机任务执行情况。

3）任务回放功能。根据保存在数据库中的飞行数据，在任务结束后，使用回放功能可以详细地观察飞行过程的每一个细节，检查任务执行效果。

4）天线控制功能。地面控制站实时监控天线的轴角，根据天线返回的信息，对天线校零，使之能始终对准无人机，跟踪无人机飞行。

2.3.2　飞控系统的组成

为了保证自动驾驶仪的正常工作，无人机飞控系统的基本组成部件有传感器，放大部件与舵机。为了实现所要求的控制律，放大部件实现信号校正和综合。在模拟式自动驾驶仪中，不可能进行十分复杂的计算。发展成为数字式自动驾驶仪后，具有很强计算功能的计算机，允许实现更为完善的控制律，从而增加了一个计算机部件。与此同时，伺服放大部件与舵机组合成为伺服作动系统。由于计算机功能很强，除完成控制律的计算及按飞行状态调参外，同时还可兼顾机内检测，甚至故障检测与报警等任务。因此，计算机成为当代数字式自动驾驶仪中十分重要的一个分系统。此外，执行测量任务的传感器部件，如高度差传感器，送出姿态信号的惯性陀螺平台，实际上也都是一些闭环系统。

飞控系统的工作流程如图 2-17 所示，从直观的部件组成看，飞控系统包括以下几个部分：

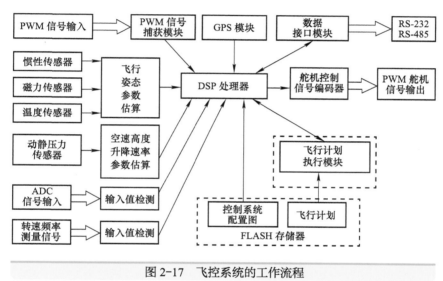

图 2-17　飞控系统的工作流程

1）IMU：惯性测量单元。它包含三轴加速度计和三轴陀螺仪，主要用于感知飞行器在三个轴向上的运动状态（俯仰、滚转和偏航）。安装时，要求靠近飞行器的重心，并有一定的减振性和指向要求。

2）GPS：全球定位系统，用于接收 GPS 卫星导航系统的位置信息，为飞控系统提供位置数据。通常安装在飞行器的尾部（避免遮挡），且要求无电磁信号干扰。

3）Compass：磁罗盘，也称外置指南针，用于感知飞行器的指向。在固定翼无人机的飞控系统中，磁罗盘不是必要设备，因为固定翼无人机在飞行中保持一定的运动速度，可通过不同时间的 GPS 位置信号来计算出无人机的指向。许多飞控系统的磁罗盘与 GPS 的接收天线设计在同一附件中。

4）气压高度计：用于检测飞行器所在位置的气压高度，通常设计在 IMU 或主控盒内。

5）AGL：超声波传感器，通常用于感知飞行器的垂直对地高度，作用距离一般不大于 15m。要求对地垂直安装，且要求传感器安装位置处无过大噪声干扰。

6）适配器：飞控系统的电源适配盒。

7）舵机转接板：用于分路转接舵机线。

8）主控盒：飞控系统的控制电路。

2.4　无人机通信导航系统

无人机通信导航系统由机载设备和地面设备组成。机载设备也称机载数据终端，包括机载天线、遥控接收机、遥测发射机、视频发射机和终端处理机等。地面设备包括由天线、遥控发射机、遥测接收机、视频接收机和终端处理机构成的测控站数据终端，以及操纵和监测设备。

机载设备一方面接收并处理各个传感器的飞行参数，并将这些数据发送给地面站；另一方面接收来自地面站的遥控指令，以调整无人机的飞行参数。地面设备对来自无人机的数据进行接收和处理，也发送指令调整无人机的飞行状态。

无人机的通信信号分为遥控器信号、数据传输信号和图像传输信号。遥控器的功能一方面体现在遥控操纵，另一方面体现在数据和图像资料的传输。虽然数传和图传使用的手段是相同的，但一般图传链路和数传链路是相互分开的，这是为了避免一旦图传链路坏了，影响到数传链路的情况发生。

除了正常的通信以外，无人机在航拍或执行特定任务时还需要一些导航技术。导航是把无人机从出发地引导到目的地的过程。一般需要测定的导航参数有位置、方向、速度、高度和轨迹等。目前用于无人机的导航技术有无线电导航、惯性导航、卫星导航、图像匹配导航、天文导航和组合导航等。

2.5　无人机任务载荷系统

2.5.1　任务载荷的概念

任务载荷是指那些装备到无人机上为完成某种任务的设备的总称，包括执行电子战、侦察和武器运输等任务所需的设备。无人机的任务载荷的快速发展极大地扩展了无人机的应用领域，无人机根据其功能和类型的不同，其上装备的任务载荷也不同。

2.5.2　常用的任务载荷

常用的任务载荷有倾斜摄影相机、光学照相机、红外线热像仪、空中喊话器、空中探照灯、气体检测仪、红外相机、激光雷达等。

1. 军用无人机任务载荷

军用无人机的任务载荷主要有光电／红外传感器、合成孔径雷达和激光雷达等。

（1）光电/红外传感器　军用战术无人机的一大优势是可以靠近目标实施侦察，小型机甚至可飞临目标上空，在距目标 100～200m 进行拍摄。随着光电技术发展，使电视摄像机和红外线热像仪的重量、体积、成本都大大降低，这些侦察设备已装载到小型及微型无人机上。

1）电视摄像机。电视摄像机（可见光）是一种将被摄景物的活动影像通过光电器件转换成电信号的光电设备，主要由摄影镜头、光电转换器、放大器和扫描电路等组成。摄影镜头将景物的影像投射在光电转换器上，通过扫描电路对光电转换器件按一定次序的转换，逐点、逐行、逐帧地把影像上明暗不同或色彩不同的光点，转换为强弱不同的电信号，再通过记录设备或图像传输设备将电信号记录或发送出去。通常将电视摄像机分为黑白和彩色两种类型，黑白电视摄像机主要传送景物明暗影像，彩色电视摄像机主要传送景物彩色影像。

在无人机机载条件下，电视摄像机要实现对地面景物的观测，必须借助相应的稳定转台，通过稳定转台实现对电视摄像机光学中心指向的改变，实现对航摄区域的实时电视影像捕捉，通过改变可见光电视摄像机光学系统焦距，改变航摄区电视影像的比例大小，利用无线数字传输设备将电视图像传输至地面监视器，或直接记录在机载电子盘上。军事上，利用可见光电视摄像机的实时侦察监视特点，可对航摄区目标实施自动定位、校正火力射击、监视战场情况及评估毁伤效果等任务。

2）红外线热像仪。大气、烟云对可见光和近红外线的吸收较强，但是却基本不吸收 3～5μm 和 8～14μm 的热红外线，故将这两个波段称为热红外线的"大气窗口"。人们利用这两个"窗口"，能在完全无光的夜晚或是在烟云密布的战场，清晰地观察到前方或地面的情况。

为了提高无人机全天候实时观测能力，将红外线热成像技术应用于空中探测，即利用红外线热像光谱探测器对具有热泄露的地面物体进行探测，并将温度高于其周围背景的地物通过热白图像实时记录并传输至地面监测设备或存储在机载电子盘上。

与电视摄像机相似，红外线热像仪也需要借助一定的稳定转台，用以隔离无人机飞行对航摄的影响，以及根据观测要求实时改变其光学镜头的指向。正是由于这个特点，红外线热成像技术在民用和军事领域都得到了广泛应用，极大地提高了观测系统的全天候侦测能力。

与可见光电视摄像机相似，红外线热像仪也需要固定在稳定平台中，并通过稳定平台实现其光学中心的自动或手动改变，以获取地面动态且连续的影像，通过地面控制设备，对获取的红外图像进行目标提取、定位、校正射击等。

（2）合成孔径雷达　合成孔径雷达是利用一个小天线沿着长线阵的轨迹等速移动并辐射相参信号，把在不同位置接收的回波进行相干处理，从而获得较高分辨率的成像雷达。SAR 也被称为综合孔径雷达，它是利用雷达与目标的相对运动，把尺寸较小的真实天线孔径用数据处理的方法合成一个较大的等效天线孔径的雷达，可以在能见度极低的气象条件下得到类似光学成像的高分辨雷达图像，且能有效地识别伪装和穿透掩盖物。

合成孔径雷达的首次使用是在 20 世纪 50 年代后期，装载在 RB-47A 和 RB-57D 战略侦察机上。经过 60 年的发展，合成孔径雷达技术已经比较成熟，各种新型体制合成孔径雷达应运而生。合成孔径雷达在夜间和恶劣气候时能有效地工作，它能够穿透云层、雾和战场遮蔽，以高分辨率进行大范围成像。目前，轻型天线和紧凑的信号处理装置的发展以及成本的降低，使合成孔径雷达已经能够装备在军用战术无人机上。

（3）激光雷达　激光雷达的波长短，它不但可以探测到叶簇下的目标，还可以对目标进行分类，为地面部队提供实施交战所需的精确目标信息。

（4）航空摄影机　航空摄影机是装载在飞机上以拍摄地表景物来获取地面目标的光学仪器。随着航空技术日新月异的发展，航空摄影机已经在航空遥感、测量和侦察等领域发挥重要的作用，航空摄影机具有良好的机动性、时效性和较低投入等优点，已成为获取地面信息的主要途径之一。

航空摄影机主要实施昼间、准实时侦察观测任务，可获取航摄区静态高分辨率影像，还可对影像上任意像点的坐标进行提取，完成多幅满足一定要求影像的自动拼接、立体影像提取及其显示等任务。军事上可利用航摄影像完成火力打击效果与伪装情况评估等任务。航空摄影机已在地形测绘、土地和森林资源调查、铁路和公路建设以及军事侦察等诸多领域得到了广泛的应用。

2. 民用无人机任务载荷

（1）倾斜摄影相机　倾斜摄影是通过在同一飞行平台上搭载多台传感器，同时从垂直、倾斜等不同的角度采集影像，将用户引入了符合人体视觉要求的真实直观世界，有效弥补了传统正射影像只能从垂直角度拍摄地物的局限性。专业倾斜摄影相机由五个摄像头组成，中间的相机拍摄正射影像，其余四个相机拍摄倾斜影像。

倾斜摄影相机的应用包括数字城市、城市规划、交通管理、数字公安、消防救护、应急安防、防震减灾、国土资源、地质勘探、矿产冶金等诸多领域。

（2）空中喊话器　即以飞行器为搭载平台，可以在空中无线扩音的装置。目前空中喊话器具有一定的应用前景。在森林防火、火灾救援、灾区搜救、交通治安、林场看护等场合可以起到很大的作用。

（3）空中探照灯　在救援领域，无人机搭载探照灯，可以为灾害现场实施空中照明。高机动性的照明工具，使救援效率得以提高，也更好地保障救援行动有序开展。

在刑侦、交通等安防活动中，夜间难以开展行动的现状一直困扰着安防人员。搭配无人机探照灯，可以为夜间执法提供远距离照明，更为夜间执法提供多种便利；搭配高清变焦镜头，可针对脸部、车牌等进行取证。

（4）气体检测仪　主要包括空气质量检测、环保监测、应急消防、化工厂污染排查、应急事故火灾等环境突发事件引发的大气环境污染，有毒有害气体的常规巡查，城市低空大气质量状况监测。

2.6 无人机发射/回收系统

2.6.1 发射系统

发射与回收技术的应用有从在现成的场地上进行的常规起飞及降落，到使用旋转翼或风扇系统垂直降落等。弹射也是无人机常用的发射方式，它使用引爆式火箭或气动、液压两者结合的方式。

2.6.2 发射方式

无人机的发射方法有很多，目前常见的发射方式有起落架滑跑、起飞跑车滑跑、母机空中发射、发射架上发射或弹射、容器（箱式）内发射或弹射、火箭助推、车载发射、轨道发射、垂直起落、缆绳系留、手抛和自动发射等方法。

1. 手抛发射

这种方式很实用，但仅适用于重量相对较轻的飞行器，这类飞行器载重量低，动力大小适当。轻型无人机可以手持发射，功率大的无人机起飞时不需要借助外力弹射。不过，如果无人机的体积和起飞速度超过一定范围，手抛发射协助起飞会变得很危险，甚至根本不可能成功。手持填满燃料的无人机，在凹凸不平的地面上奔跑，很可能造成严重的人身伤害。如果撞到正在旋转推进的螺旋桨上，后果更是不堪设想。

2. 起落架滑跑

起落架滑跑发射方式操作简便，但需要一块平整的场地并要小心翼翼地控制无人机飞行的航向。这种方式一般需要人工操纵。

3. 母机空中发射

许多无人机，尤其是靶机，是装载在固定翼飞机上从空中发射的，这些无人机通常都具有较高的飞行时速，由涡轮喷气发动机提供动力。

4. 火箭助推

有些无人机也在地面上利用火箭助推发射。利用火箭助推发射方式使无人机达到起飞速度，通常需要在有效作用距离上施加一个发射力，但一般要求在一段很长距离内把发射力施加在无人机上，以使其达到飞行速度。在应用火箭助推发射前，必须仔细地对推力线进行校准，以确定对无人机没有施加任何力矩，从而避免控制问题的出现。

5. 车载发射

车载发射是一种费用低廉而且实用的方法。除了需要一块干河床或一条跑道外，剩下的就是将无人机及其配件装载在发射车顶，驾车飞驰。

6．轨道发射

有些无人机通过导轨或轨道加速到发射速度。

2.6.3　无人机的回收方式

目前无人机的回收方式主要有伞降回收、撞网回收、起落架/滑跑着陆、空中勾取回收等。

1．起落架/滑跑着陆

起落架/滑跑着陆是大多数固定翼无人机采用的回收方式，其原理与有人驾驶飞机类似，需要专用跑道或开阔的场地，因此缺乏灵活性。为了缩短滑跑距离，有些无人机会在尾部装上尾钩，在滑跑过程中，尾钩勾住地面的拦截锁，通过拦截锁的弹性变形吸收无人机的动能。

2．伞降回收

伞降回收是国内外中小型无人机经常采用的回收方式之一。在回收过程中，当无人机到达预定回收区中心点上空时，其所配备的降落伞会按照预定程序或在地面站的指挥下开伞，使无人机缓缓着陆，整个过程较为简单，对操作人员的要求也比较低。但其缺点也显而易见，降落伞对无人机是一种载荷，且需要占据机身内有限的空间。由于无人机下降速度较快，在着陆瞬间，机体容易受到较强烈的冲击，造成损伤；如果在海上降落，则需要为无人机具备足够的防水能力，且打捞过程也比较麻烦，甚至需要借助专业的海上回收设备。

改进伞降回收的一个有效办法是为无人机配备减振气囊。在无人机飞行期间，气囊置于机体内部，主伞打开后，气囊充气并自动伸出，以吸收无人机与地面接触瞬间的冲击能量，避免设备损伤。无人机完成着陆后，排除气囊内的气体，方便再次使用。这种气囊不仅可以缓解着陆冲击，还能防止在着陆过程中出现反弹现象。

3．撞网回收

撞网回收指的是无人机在地面无线设备和自动引导设备的引导下，逐渐降低高度，减小速度，然后正对着拦截网飞去，从而达到回收的目的。完整的拦截网系统通常由拦阻网/绳、能量吸收装置和自动引导设备组成，可以使无人机在撞网后，速度很快降为零，且不受场地限制，尤其适用于在舰艇上的回收。但由于网的面积有限，在气象状况不好时，难以保证无人机准确入网。一旦出现偏差，撞击到其他设施，后果不堪设想。

4．绳钩回收

绳钩回收指的是利用绳索抓捕无人机翼尖小钩来实现回收的一种方式，主要由回收绳、吸能缓冲装置、导引装置等组成。绳钩回收占用空间小，且不易受天气影响。

5．气囊回收

气囊不仅可以配合降落伞使用，也可以单独作为一种着陆方式使用。这种方式不需要起落架和降落伞，无人机在着陆前打开气囊，然后直接接触地面，以此实现缓冲目的。需要注意的是，依靠气囊直接着陆，缓冲能力有限，此回收方式只适用于微小型无人机。

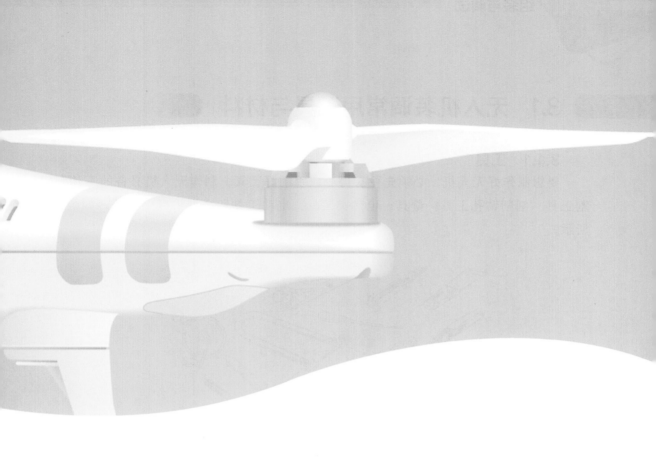

无人机
组装工艺基础

第3章

3.1 无人机装调常用工具与材料

3.1.1 工具

要想制作好无人机，必须先要有得心应手的好工具。制作无人机必备的工具有切割工具、刨削钻孔工具、量具、电热类工具、电动工具和小型机械工具等，如图 3-1 所示。

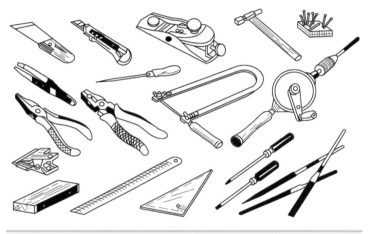

图 3-1　手工制作无人机必备的工具

1．切割工具

（1）壁纸刀　壁纸刀是制作无人机经常使用的刀具，如图 3-2 所示。壁纸刀可以用来切割各种薄板、木片、木条，可以用于刻翼肋、刻槽等，也可作为修整工具。壁纸刀使用起来很方便，当刀刃不快时，可用钳子掰下一小段刀片即可。一个刀片用完以后还可以再换一片新的，省去磨刀的操作。壁纸刀有大小不同的规格，宽度为 9mm 薄刀刃的壁纸刀（图3-2 中最小号的）使用较多，因为刀刃相对薄一些，切刻零部件时不至于使切出的零部件产生较大的挤压变形。

（2）斜口刀　斜口刀大部分采用一般碳素钢制成，带木把，如图 3-3 所示。购买时须仔细挑选，敲击声清脆的硬度会大一些。

最好用的斜口刀是机用锯条改制的，机用钢锯采用高速钢（HSS）或双金属钢制造，锋利且非常耐用。

机用钢锯条按不同的宽窄和长短尺寸分几种规格，比较合适的是长度为 450mm、宽度为 38mm、厚度为 1.8mm 的机用钢锯条。

机用钢锯条可到五金工具商店去购买正规厂家生产的产品。质量好的机用钢锯条用砂轮机磨出的是又白亮又长的火花。一根机用钢锯条可以做三把长度为 150mm 的斜口刀。

图 3-2 壁纸刀

图 3-3 斜口刀

选用机用钢锯条制作斜口刀的方法：在锯条上用记号笔画出其三等分的50°斜线，用砂轮机的边角或砂轮片沿斜线正反两面磨出槽来，用木棒敲打即可断开。用砂轮机磨出刀刃来，当刀刃两面磨出宽度为 7 ～ 10mm 的斜坡，并且刀刃的角度为 10°～ 15°时最好用。由于刀刃过热容易退火，硬度会降低，因此用砂轮机磨刀时要边磨边蘸水冷却，并且要有耐心。用砂轮机磨出刀刃的合适角度后，还要将斜口刀先后在油石和水磨石上仔细研磨。油石最好用有粗细两面的油石，磨刀的油石最好用水浸泡一下，直接用油容易把油石腻住。

为了防止刀刃卷曲，最后将刀刃在细磨石的正反两面轻轻地画 8 字。磨好后，将刀刃朝上，用大拇指的指腹在垂直刀刃的方向上轻轻地摸一下，感觉有些刮手，说明刀刃已经磨好，也可以用磨好的斜口刀横切木材，如果切口断面光滑，则说明刀刃锋利。需要注意的是，不要顺着刀刃方向摸，会划破手。

使用斜口刀时要注意以下几点：

1）为了防止在裁切木片时刀刃顺着木纹切偏，第一刀要用刀尖沿着钢直尺的边轻轻切个浅槽，然后再逐步用力。如果第一刀太用力，刀刃容易顺着木纹切偏。

2）切削木材时，刀刃和被切削的木料应保持30°～ 45°的斜角，省力而且切口光滑。

3）使用斜口刀要注意安全，手握材料的后半部分，刀刃朝前，以防止用力过猛刀片切伤手，刀片一定朝向另一只手时，握刀手臂的大臂要紧靠胸部来限位，转动手腕进行切削。

4）刀刃使用一段时间不锋利时，要及时重新研磨刀刃。

（3）刻刀　刻刀的种类较多，如成套的、镶有木把的木刻刀，如图 3-4 所示。这种刻刀有大小不同的规格，主要用来刻挖槽、孔和制作木型用。也有可以更换刀片的尖刻刀，刻翼肋、刻切木片时使用最多，如图 3-5 和图 3-6 所示。

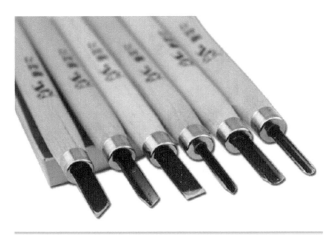

图 3-4 成套的各种刃口木刻刀

图 3-5 可以更换刀片的尖刻刀

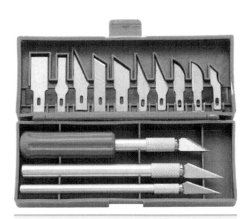

图 3-6 成套刻刀

（4）剪刀 剪刀有两种：普通家用剪刀，用来剪纸、剪布等；铁剪刀，剪裁不太厚的铁片、铜片和铝片。制作无人机应选用小号铁剪刀，如图 3-7 所示。

图 3-7 铁剪刀

（5）手锯 手锯是由锯弓和锯条组成，如图 3-8 所示。

手锯锯条种类很多，扁条形的可以锯削木材和塑料，还可以锯削铜、铁、铝等硬度较小的金属。因此，锯条的材质、粗细、锯齿大小疏密和形状都不一样。锯削木材的锯齿相对大些，锯削金属的锯条细、锯齿密而小。还有圆条形锯条，四周都有锯齿，不用转动锯弓，可以向任何方向锯削，如图 3-9 和图 3-10 所示。

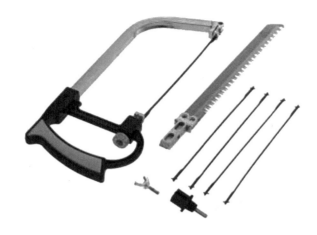

图 3-8　手锯

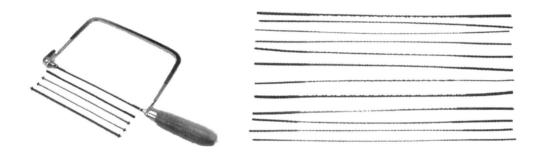

图 3-9　各种手锯锯条

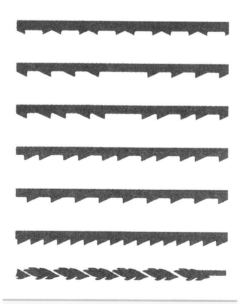

图 3-10　不同形状锯齿、不同用途的锯条

质量不好的锯条往往锯齿偏向一侧且有毛刺，起锯后容易锯偏，进口的锯条价格高一些。

使用手锯锯削工件时，在工作台上钉上一块用层板做的木叉，托着工件，锯条应尽量与工作台保持垂直，锯削速度不要太快，但要平稳，如图 3-11 所示。在转弯或夹锯的地方，要上下多动、慢前进，太着急会把锯条扭断。

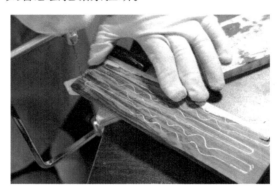

图 3-11　在木叉托板上锯削零件

2. 刨削、钻孔工具

（1）木刨和铁刨　木刨可到零件供应木工工具店购买，如图 3-12 所示，也可以用红木、檀木、榉木等硬质木材制作刨床，用机用锯条做刨刃。一般将刨刃磨成 25°角，刨刃和刨床的夹角为 45°。

铁刨可以微调刨刃的伸出长度和刨口的宽度，使用非常方便，如图 3-13 所示。

图 3-12　木刨

图 3-13　铁刨

刨刀在刨削木材、修边整形时使用很多。制作无人机时可以选用长度在 160mm 左右的小型刨子，能用一只手握住，大小比较合适。

如果刨刃不锋利，则刨出的平面不平整、不光滑，这时刨刃就需要研磨。研磨的方法基本和磨刀相似，不同之处是研磨刨刃时，刨刀平直，即刃口和刨刃垂直，刃口不要倾斜，不要成弧形，否则刨出的平面不平整，如图 3-14 所示。

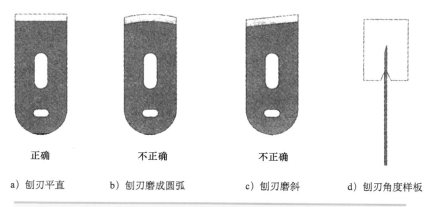

a）刨刃平直　　　b）刨刃磨成圆弧　　　c）刨刃磨斜　　　d）刨刃角度样板

正确　　　　　　不正确　　　　　　不正确

图 3-14　刨刃研磨后的检查和校正

在拉条板上可以用刨刀将壁纸刀裁切出来的不规则木条进行修整加工。做一个拉条板，准备宽度为 15mm、厚度分别为 2mm、3mm、4mm、5mm 的层板或木片，在一块木板上每种厚度的层板或木片黏贴两条，两条层板或木片之间间隔 5mm，拉条板制作完成，如图 3-15 所示。把要修整的木条放在槽里，一只手按住刨刀不动，另一只手拉木条，反复拉到没有刨花为止。

（2）手摇钻　由钻夹头、锥齿轮、摇柄、手柄等组成，如图 3-16 所示。手摇钻在制作无人机时用得比较多，可以钻直径为 6mm 及以下的孔，有时也可以代替丝锥扳手使用。钻孔时，单手握住手摇钻手柄，让钻头垂直于工件，否则容易钻偏。

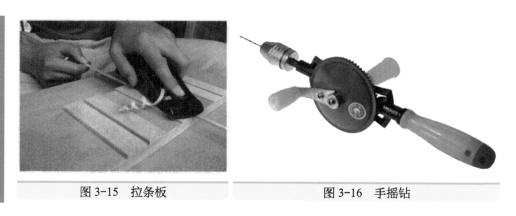

图 3-15　拉条板　　　　　　　　　图 3-16　手摇钻

选购手摇钻时特别要注意钻夹头在夹住钻头后是不是同心，检查方法是装上钻头后，摇动摇柄，此时钻头不摆头为好。

手摇钻配备的麻花钻头种类很多，如图 3-17 所示。制作无人机常用的麻花钻头规格有直径为 0.8mm、1mm、1.2mm、1.5mm、1.7mm、2mm、2.5mm、3mm、3.4mm、4mm、4.2mm、5mm、6mm。钻头不锋利可以在砂轮机上磨刃口，如图 3-18 所示。刃磨时，一手握住钻头工作部分，靠在砂轮机的搁置架上，作为支点，另一只手捏住钻头柄部，使钻头工作部分水平，钻头轴线和砂轮面成一定角度，使刃口接触砂轮面（不得低于砂轮中心），逐渐增加压力，进行刃磨。刃磨时，将钻头沿钻头轴线顺时针逐渐旋转35°～45°，同时钻头柄部向下摆动的角度约等于后角。按此步骤磨2～3次，再进行其他钻头的刃磨。刃磨过程中，钻头柄部的摆动不得高出水平面，以防磨成负后角。钻刃即将磨削成形时，不要由刃背向刃口方向进行磨削，以免刃口退火。为防止钻头因过热退火，刃磨时应经常将其浸入水中冷却。

钻头的刃磨应使钻刃对称，左右不对称的钻刃会使钻孔变大。目测检查方法为：把钻头竖起，立在眼前，两眼平视，背景要清晰。由于用眼睛观察时，两个钻刃的位置是一前一后，容易产生视觉误差，因此查看两个钻刃时往往感到左刃（前刃）高。尽量使钻头绕轴线反复旋转180°，这样反复几次以后，如果看的结果一样，就说明钻刃对称。

图3-17 麻花钻头

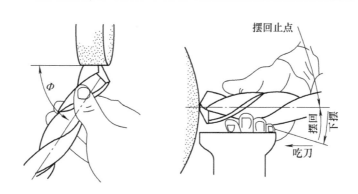

图3-18 麻花钻头刃磨方法

在制作无人机的副翼、尾翼、机身时，为减轻重量，需要钻直径较大的孔，可以使用不同规格的开孔钻头。常见开孔钻头的形状如图3-19a所示。还有一种开孔钻头，中间有一个钻头用来定位，周围有一圈带锯齿的圆管，用来锯切一定直径的圆孔，如图3-19b所示。

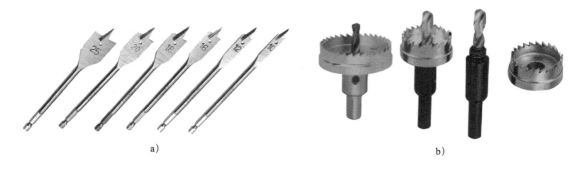

a)　　　　　　　　　　　　　　　　　b)

图 3-19　开孔钻头

　　钻薄板的钻头，也称为钻薄板群钻，如图 3-20 所示。普通麻花钻头钻薄板（薄木片、薄层板、薄铝片等）时，钻出来的孔容易出现不圆或孔的边缘有毛刺。钻薄板的钻头外边有尖刃，中间的内刃起中心定位的作用，用边刃把孔的边缘切开，钻出来的孔的边缘整齐且精度高。

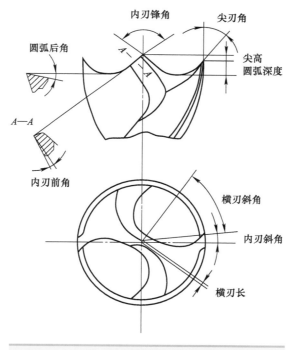

图 3-20　钻薄板的钻头

　　（3）丝锥和板牙　如图 3-21 所示，主要用于无人机紧固用零件的攻螺纹，常用丝锥的规格有 M2、M3、M4、M5。每种规格的成套丝锥还分头锥、二锥。头锥比二锥外径稍小，丝锥头比较尖，头锥一般用作加工粗螺纹；二锥加工的螺纹比较深。板牙主要是给拉杆做螺纹口。

　　使用丝锥攻螺纹时，将丝锥装在丝锥扳手或手摇钻的钻夹头上，在丝锥上滴少量润滑油，正转一两圈、再反转一圈，以便切断金属切屑。攻较深的螺纹时，还要经常清除丝锥上切削下来的金属屑，防止扭断丝锥。

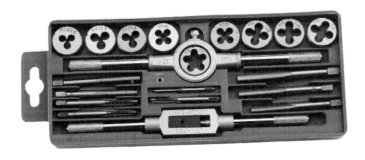

图 3-21 丝锥和板牙套装

攻螺纹前，钻头直径的近似计算方法为：

攻螺纹前的钻头直径（mm）＝ 螺钉的螺纹直径（mm）× 0.85

例如加工直径为 3mm 螺纹，钻头直径：3mm×0.85=2.55mm。

3．其他工具

其他的常用小工具有一字槽和十字槽螺钉旋具、锉刀、锤子、锥子、尖嘴钳、扁口钳、扳手等。

4．量具

（1）钢直尺 长度为 300mm 和 1m 的钢板尺比较常用，主要用来测量，在裁切木板等材料时可以当靠尺使用。购买长的钢直尺，要在玻璃板上把钢直尺有刻度的端面立起来检查是否平直，否则使用不直的钢直尺画出的线和切割出的物件会不直或有弧度。

（2）三角尺 用于绘制工程图，长度范围为 200～300mm 即可。

（3）直角靠尺 画垂直线或切割工件用。可用塑料直角尺，在其底边上黏贴一条厚度为 2mm、宽度为 5mm 的有机玻璃片制成直角靠尺。使用时用黏贴有机玻璃片的一边靠紧木片或木料，沿直角尺的直角边画线或切割。

（4）游标卡尺 能精确测量长度、厚度、深度、内径和外径的工具，精确度高，如图 3-22a 所示。数显游标卡尺显示数据更直观方便，但价格高，如图 3-22b 所示。

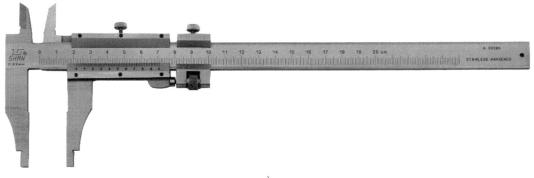

a)

图 3-22 游标卡尺和数显游标卡尺

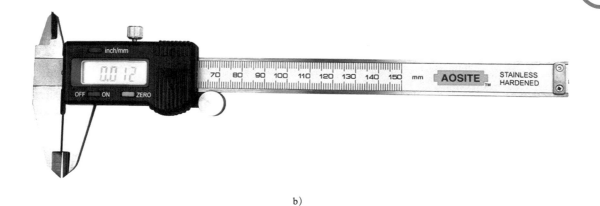

b)

图 3-22　游标卡尺和数显游标卡尺（续）

5. 工作板

可用松木板、桐木板和装修用的大芯板等制作，不论选用什么材质，工作板表面必须平整、光滑。根据制作机翼、机身的大小选用工作板，尺寸大于 300mm × 1200mm 比较合适。

6. 砂纸和砂纸板

使用砂纸和砂纸板来打磨木片和零件，并修整无人机。粗加工可用 F180 ～ F280 砂纸，细加工可用 F360 砂纸。砂纸板可以保证打磨物件平直光滑，其尺寸以 20mm × 50mm ×（150 ～ 200mm）为好。为了拼接木片和磨前后缘，可以将砂纸黏在长直的木板上，用来打磨对缝，如图 3-23 所示。

打磨零件的弧形面时，如制作凹凸形翼肋、打磨螺旋桨等，还需要用有半圆弧面的木板制作砂纸板。

图 3-23　砂粒粗细不同的砂纸板

7. 电热类工具

（1）电烙铁　电烙铁有 20W、50W、75W、100W、200W 等不同规格。制作无人机时，根据焊点的大小来选择不同功率的电烙铁。焊接小的连接线一般使用 20 ～ 50W 的电烙铁。焊接电池或稍大的金属件至少要用 50W 以上的电烙铁，如图 3-24 所示。另外，还需配备焊丝、松香和专用助焊剂。有锈的焊接物必须用砂纸或锉刀打磨去锈，并预先镀好锡，然后再焊接，这样容易操作而且焊点成形良好。焊接导线时，要用松香或专门焊接电路的焊剂（用普通焊油会腐蚀电线和电子元件，长时间使用将存在安全隐患）。好的焊点光亮无毛刺、无虚焊，焊接后应用酒精清洗焊剂。

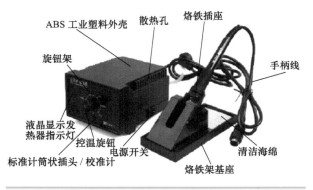

图 3-24　电烙铁和电烙铁架

为防止电烙铁头过热烧糊，最好配备一个电烙铁架或把电烙铁头放在铁质的物体上，帮助散热。电烙铁头要经常清理并镀上焊锡保护。图 3-24 中电烙铁架里的聚氨酯海绵浸水后不怕烫，可以用来清洗电烙铁头。

（2）电熨斗　无人机专用小电熨斗如图 3-25 所示，在蒙热缩薄膜时熨烫无人机边角和缝时很方便，家用的小型电熨斗也很好用，特别是蒙面积大的地方。蒙热缩薄膜的电熨斗布套必须用纯棉纺织品，可以防止灰尘划伤热缩薄膜的表面，而且厚的纯棉纺织品容易挤出热缩膜里面的气泡。

图 3-25　蒙热缩薄膜专用小电熨斗

（3）恒温风机　恒温风机可以根据不同的材质设定出风口的温度，主要用于蒙膜前吹去无人机骨架的木屑和灰尘，将热缩膜加热收紧，还可以用来加热木条和修整变形的构架，数码显示恒温风机如图 3-26 所示。

图 3-26　数码显示恒温风机

8．电动工具

制作无人机经常使用的电动工具有以下几种。

（1）迷你电钻　迷你电钻能卡住直径为 0.5～6mm 的钻头、磨头和砂轮片。使用迷你电钻可以钻孔、磨削、切割钢丝，适用于制作无人机，如图 3-27 所示。使用时，可将迷你电钻固定在垂直于底板的木柱上，台板上有可以垂直移动的托盘，可代替台钻使用。

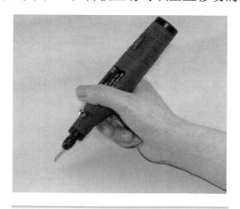

图 3-27　迷你电钻

（2）小电锯　小电锯在制作无人机时用得也很多，如锯木条、锯前后缘斜坡、前后缘开槽等。市售的高精度小电锯能调节锯口深度和锯切角度，如图 3-28 所示。

1）使用小电锯锯木条。小电锯能很方便地在木片上锯出尺寸比较准确的木条。在锯木条时，选用锯片铣刀改制的锯片，可以使锯得木条边缘比较光滑。锯片和靠板之间的距离按要锯的木条宽度仔细调准后，先用木片试锯一小段，用游标卡尺测准木条宽度后再正式锯木条。为防止夹锯，锯片和靠板之间的木条出口要比木条进口宽一点。起锯时一只手推送木条，另一只手拿着一块木片在距离木条进口 2～3cm 的地方轻轻按住木条，以防止木条跳动；木片快要锯到头时，再用另外一块木片推送木条，以防锯伤手。

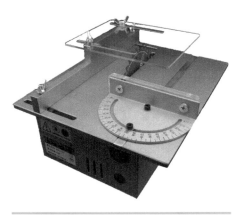

图 3-28　高精度小电锯

锯后缘或有斜面的木条时，在靠板上用双面胶黏一个直角三角形木片，将直角三角形木片的底边靠近小电锯的台面，一条直角边黏在靠板上，直角三角形的截面尺寸形状等于准备锯出后缘用的方料被锯掉的部分。

2）使用小电锯开槽。如加工机翼翼肋插进前缘和后缘的槽。先换上和翼肋木片厚度一样的锯片铣刀，将锯片的伸出高度调到和槽深尺寸一样，在开槽的地方用铅笔画好线，在电锯上锯槽，锯的时候要确保木条和锯片垂直。

3）使用小电锯锯轻木、桐木和松木片时，最好选用直径为 80mm、厚度为 1.5mm 的锯片铣刀，锯口省料、锯面也比较光滑。有条件的可以用薄砂轮片将锯片铣刀隔几个锯齿磨出一个槽，起到以锯带刨的作用，避免夹锯和锯偏。市售的直径为 100mm、厚度为 1.5mm 的带合金刀头的木工锯盘也可以用于制作无人机，特别是用在锯切稍大的木料。

9. 小型机械工具

有经济条件的团队，又有安置机械地方的，可以选购经济实用的手电钻（图 3-29）、小型家用曲线锯（图 3-30）、小型砂带机（图 3-31）、小型台钻（图 3-32）、气泵和喷枪（图 3-33）或小型车床（图 3-34）、小型车床钻床（图 3-35）、小型钻铣床（图 3-36）、激光雕刻机（图 3-37）。

图 3-29　手电钻

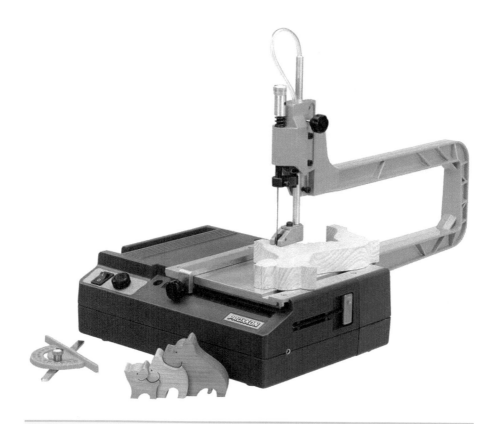

图 3-30　小型家用曲线锯

图 3-31　小型砂带机

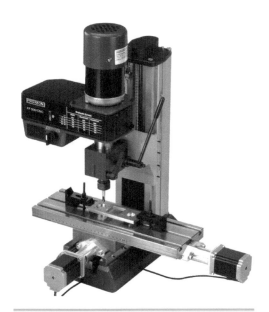

图 3-32　小型台钻

图 3-33　气泵和喷枪

图 3-34　小型车床

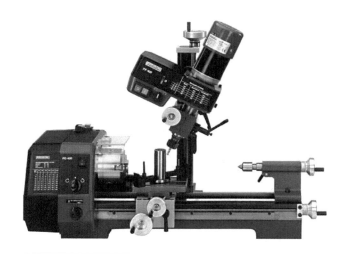

图 3-35　小型车床钻床

图 3-36　小型钻铣床

图 3-37　激光雕刻机

3.1.2　材料

1. 泡沫

制作无人机使用的泡沫塑料有：聚苯乙烯泡沫塑料（EPS）、耐冲击的聚丙烯泡沫塑料（EPP）、聚氯乙烯泡沫塑料（PVC），泡沫塑料（EPO），以及可以做机轮的聚氨酯弹性体泡沫塑料。

（1）EPS（聚苯乙烯泡沫塑料）　EPS 按工艺路线不同分为可发性聚苯乙烯泡沫塑料和乳液聚苯乙烯泡沫塑料两类。按制造方法的不同，可将可发性聚苯乙烯泡沫塑料分为模压发泡和挤出发泡两种，一般用于制作飞行练习机。由可发性聚苯乙烯预发泡颗粒蒸气发泡法制造的聚苯乙烯泡沫塑料，其生产数量和应用范围都超过其他种类。

可发性聚苯乙烯泡沫塑料是以可发性聚苯乙烯泡沫珠粒为原料，珠粒的直径为 0.2～3mm。根据制品的需要不同，采用珠粒也不同，一般小件制品采用直径为 0.4～0.7mm 的珠粒。可发性聚苯乙烯泡沫珠粒通过挤出发泡成型工艺，可以生产低密度聚苯乙烯泡沫塑料片材，如制作无人机用的吹塑纸和 KT 板的泡沫塑料芯材。

模压发泡成型是可发性聚苯乙烯泡沫塑料的主要制造方法，其工艺过程可分两步。第一步是将熟化的预发泡聚苯乙烯颗粒填满模具型腔；第二步通过蒸汽、热气体、传导式加热、高频加热等几种加热方法使颗粒软化，泡孔中发泡剂气体和加热介质的渗入进一步膨胀，在模具里填满全部型腔而熔结为一体。经冷却定型后，开模取出，成为可发性聚苯乙烯泡沫塑料模压发泡成型制品。泡沫塑料无人机大部分采用蒸汽模压工艺，小批量生产还有采用水煮铝合金薄壳模具的传导式加热发泡工艺。利用聚苯乙烯泡沫板材可以自行设计、制作无人机，经过电热切割、蒙膜、组装等工艺，制作出自己的飞机，既动脑又动手，还省工、省料、省钱。如图 3-38 所示为聚苯乙烯泡沫练习机。

图 3-38　聚苯乙烯泡沫练习机

（2）EPP（聚丙烯泡沫塑料）　EPP 是聚丙烯塑料发泡材料的简称，它是一种性能卓越的高结晶型聚合物 / 气体复合材料，以其独特而优越的性能成为目前应用广泛的环保、新型、抗压、缓冲、隔热材料。EPP 制品具有十分优异的抗振吸收性能、形变后恢复率高，具有很好的耐热性、耐蚀性、耐油性和隔热性。另外，其重量轻可大幅度减轻产品的重量。EPP 还是一种环保材料，不仅可回收再利用，而且可以自然降解，不会造成白色污染，适合做包括食品在内的各种环保包装材料，并适用于汽车内装饰、隔热、建筑和五金等行业。由 EPP 发泡成型工艺制作和生产的无人机品种已有很多，因为防摔而深受无人机爱好者的喜爱。图 3-39 所示是用聚丙烯泡沫塑料制成的固定翼无人机模型。

图 3-39　EPP 泡沫塑料无人机模型

（3）EPO（泡沫塑料）　EPO 是近来制作泡沫塑料无人机采用的新型泡沫塑料。EPO（PE/PS）泡沫塑料是聚乙烯发泡珠粒和聚苯乙烯发泡珠粒混合体发泡成型产品。由于混合了聚乙烯发泡珠粒，可使无人机外表光滑、表面硬度增加，比单纯聚苯乙烯泡沫塑料制作的无人机机械强度和韧性有所增加，与聚苯乙烯泡沫塑料相比更耐冲击。如图 3-40 所示为 EPO+ 碳纤维复合材料无人机。

图 3-40　EPO+ 碳纤维复合材料无人机

2. 塑料

塑料是一种以有机合成树脂为主要原料，加入或不加入其他配合材料而构成的人造高分子材料。它在一定的条件（如温度、压力条件）下，通过物态转变或交联固化的作用能塑造成一定的形状。

按受热行为的不同，可将塑料分为热固性塑料和热缩性塑料。

（1）**热固性塑料**　受热后聚合物进行物理和化学变化，分子呈网形结构而固化。代表性塑料有：PF（酚醛树脂）、UF（脲甲醛树脂）、EP（环氧树脂）。

（2）**热缩性塑料**　受热后聚合物进行物态转变而变软，分子仍为线性或支链形结构。代表性塑料有：PE（聚乙烯）、PVC（聚氯乙烯）、PS（聚苯乙烯）。无人机的零部件大部分为热缩性塑料的注射件，如螺旋桨、发动机架、摇臂、接头、各种连接件、机轮等，如图 3-41 所示。采用的塑料有 PE、PVC、PS，要求力学性能强的采用 ABS（丙烯腈 - 丁二烯 - 苯乙烯）、PC（聚碳酸酯）、PA（尼龙）和混合有碳纤维的增强塑料。

塑料零件通过注射成型工艺可以大批量生产，因此价格低廉、使用方便。

图 3-41　用塑料制成的零件

（3）吸塑、吹塑和搪塑　透明或彩色塑料板材经过真空吸塑或热压成型工艺可以制作无人机的透明座舱罩、机头罩，采用吹塑成型工艺可以制作无人机油箱、机身壳体，用搪塑成型工艺可以制作装饰品。

3．木材

木材是制作固定翼无人机的主要材料。使用木材的优点是单位体积重量小；单位截面积和受力的强度平均极限比大，即比强度大；容易加工；价格相对低廉；缺点是木纹结构不一致，强度不均匀；木材的细孔容易吸湿变形，在潮湿的地方不易保存，容易被腐蚀。

制作无人机常选用以下几种木材。

（1）桐木　泡桐是我国特有的树种，也是质地较轻的木材之一，如图3-42所示。泡桐树在我国分布很广，优良的泡桐品种在适宜的条件下生长极快，一般6～10年成材采伐。桐木材质轻、有韧性，由于干缩系数小，因此桐木具有不弯、不翘、不变形的特点。经过干燥后的桐木密度范围为230～400kg/m³，不易吸收水分，隔潮、耐磨、耐酸碱、不易虫蛀。桐木燃点高达425℃，不易燃烧。

图3-42　泡桐树

由于桐木比一般木材轻，价格低廉，加工容易，适于制作航空无人机、乐器、高档家具、建筑用材和其他各种木制品。制作航空无人机的桐木片规格厚度为0.75mm、1mm、1.2mm、1.5mm、2mm、2.5mm、3mm等，宽度一般为55mm，长度为1m，还有55mm×55mm的桐木方料。

（2）轻木　轻木（图3-43）生长在中南美洲的潮湿雨林中，厄瓜多尔是全球航空无人机用轻木的主要产地。品质好的轻木生长在气候温暖、降水充足、排水良好的热带河流之间的高地上。轻木生长速度很快，6～10年内树径可达30～115cm，高度可达18～30m，即可成材采伐。

轻木细胞壁很薄，树中的水分是木纤维重量的5倍，采伐后的轻木在干燥炉内干燥半个月后，含水量仅为6%才能使用。轻木干燥后的密度，轻的为64kg/m³，重的可达384kg/m³。密度范围为96～192kg/m³的轻木产量大，价格相对便宜，绝大多数无人机都采用这类轻木。

轻木材质松软、均匀，易于加工。在原木切割方式上和其他木材一样，也分为弦向、径向和斜向切割，根据无人机不同部位对于强度和加工的不同需要，选用不同切割方式的轻木片材，如图3-44所示。轻木的缺点是吸湿后容易膨胀变形。轻木按其密度和质量的不同，分为A级、AA级、AAA级。轻木片的宽度一般为75～100mm，长度有640mm、760mm、925mm几种，厚度有1mm、1.2mm、1.5mm、2mm、3mm、4mm、5mm、6mm等规格。

图 3-43　轻木

图 3-44　加工后的轻木片

我国西双版纳引进南美轻木树种，经过二十多年的栽培，国产轻木的材质大有改善，已开始被无人机厂家采用。

（3）红松 红松产于我国东北小兴安岭和长白山地区，是我国重要的珍贵用材树种。红松为高大乔木，树干通直，树高多为 25～30m，最高可达 40m，树径粗可达 200cm。红松材质优良、纹理通直、抗压力强，富含树脂、易干燥。红松木材的刨削、车削性能良好，易于加工，适于制作各种无人机、胶合板、乐器和运动器械。在无人机上红松木材主要用来制作翼梁、机身纵条、木型等。

（4）杉木 杉木在我国分布较广，是我国重要的珍贵用材树种之一。杉木材质轻软、细致、纹理通直、纤维长、易加工，是航空、造船、建筑、桥梁等用材。杉木木条是制作无人机和初、高级滑翔机的翼梁、构架的上等材料。

（5）椴木 椴木的主要产地在我国东北的吉林省，椴木材质较软，具有耐磨、耐蚀性，木纹细腻、不易开裂、易加工、韧性强、应用范围广，可用来制作工艺品、无人机、木线和细木工板。椴木用于制成无人机的层板或用椴木做木型等，它也是制作实体无人机的好材料。

（6）榉木 榉木在欧洲、日本和我国都有产出。欧洲榉木颜色一致，纹理通直精细，有芝麻点、带有光泽。榉木的密度为 620kg/m³，硬度、冲击强度中等，具有较好的剪切强度、耐磨性和蒸汽加工弯曲性能。榉木通过手工加工和机械加工都能获得光洁、平滑的表面，着色和抛光性能都很好。榉木木材主要制作木质螺旋桨（图 3-45 所示）、发动机架、起落架托板、小木刨等部件和工具。

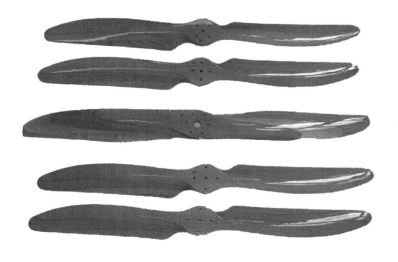

图 3-45 用榉木制作的螺旋桨

（7）竹材 竹材是竹类木质化的茎杆部分。竹材的密度因竹龄（成熟的密度较大）、部位（梢段或杆壁外缘密度较大）和竹子种类而异，平均密度约为 0.64g/cm³。竹材顺纹抗拉强度较高，平均为木材的两倍；抗剪强度低于木材，空气干燥后的竹材吸水性强。竹材可以制成建材，是造纸，生产纤维板、醋酸纤维、硝化纤维的重要材料。

木材的初加工和干燥：

被砍伐的圆木经过长时间的风干失去大部分水分后，首先在高速带锯机上锯成板材，锯出的板材有弦切、径切和斜切三种类型。湿度太大又有油性的板材需要风干几个月甚至一年，必要时还要在高温烘干房内烘干，如油性较大的红松要放在烘干房内烘干，边烘干还要边喷水，通过一遍遍地烘干让木材中的树脂尽量挥发掉。为使木材进一步干燥，木材加工厂和无人机工厂通常把板材、方料间隔地分层堆放在干燥通风的库房里保存。

图 3-46　高速带锯机

木材的再加工：

制作无人机使用的木片，是用板材或方木料在高速带锯机或圆锯机中锯出来的，如图 3-46 所示。制作层板用的极薄木片（木刨花）有两种加工方法：圆木材经过蒸煮变软后在木工刨切机上边旋转边刨出薄木片；板材在往复运动的木工刨切机上片切出薄木片。这两种加工方法加工出来的薄木片，厚度范围为 0.1 ～ 0.25mm，还有厚度范围为 0.25 ～ 1.5mm 等规格。由于在刨切过程中折断了部分木纤维，因此只适于做层板或装饰贴面，不适于制作无人机。

制作无人机用的层板有椴木层板，常用的有厚度为 2mm、3mm、5mm、9mm 等几种规格，一般用来制作机身隔框、机翼翼根、翼肋、发动机后面的防火墙隔框等；桦木层板，有厚度为 1mm 的三层和五层层板，还有厚度为 2mm 和 3mm 等规格，多用在蒙板等加强部位；航空压缩层板，用桦木刨花和树脂胶经高温、高压制成，其质地坚硬、不变形，它是制作螺旋桨飞机和无人机螺旋桨的上好材料。

圆木在锯切成板材和片材的加工过程中，会锯出带有弦向、径向和斜向不同锯切方向的木片，如图 3-47 所示。制作无人机要根据不同部位的强度和加工难易程度，选用不同切向的木片。弦切木片是指顺着弦向木纹锯出来的木片。从外观上看有宽大的花纹，从端面看有横向木纹，这种木片容易弯曲变形，适用于做机翼、尾翼上下有弧度的弯曲部分和机身有弧度地方的蒙板。径切木片是指沿着径向锯出的木片。径切木片从端面看有较密的立木纹，这种木片适用于做翼肋、翼梁、前后缘，但不适合做有弧度地方的蒙板。斜切木片是指端面木纹是倾斜的，各方向受力都较好，不易变形，适合做翼肋、前后缘、舵面、平面蒙板等各部分。

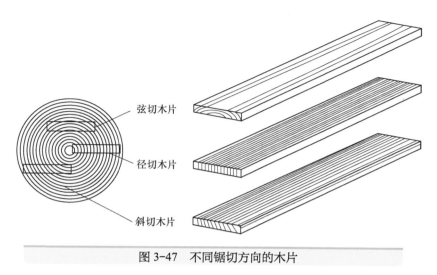

弦切木片

径切木片

斜切木片

图 3-47　不同锯切方向的木片

4．金属材料

（1）钢丝　制作无人机的起落架、舵机连杆、机构上的弹簧和挂钩、螺旋桨轴都需要用到钢丝。钢琴钢丝、乐器钢丝和弹簧钢丝是制作上述零件的最好材料，牙科不锈钢钢丝也可以制作弹性要求不高的零件。除弹簧外，钢丝在大多数情况下不需要再进行热处理，弯曲钢丝的最小曲率半径应该是钢丝直径的两倍，钢丝折弯次数过多会使钢丝出现裂痕，容易折断。

弹簧和钢丝淬火的简易办法是用浸过机油的棉纱，缠裹住要淬火的钢丝或弹簧，用火点燃，当火即将烧尽时，浇水冷却。

（2）硬铝　硬铝属于铝镁系铝合金，呈银白色，密度约为 $2.8g/cm^3$。硬铝可塑性很高，可以锻造，还可以进行冲压和加工硬化等处理，并且很容易进行钻削、车削、铣削等机械加工。

用硬铝制作的无人机零件质量轻又有一定的强度，如起落架、整流罩、固定件和连接件、发动机和电动机的零件等。无人机一般采用的硬铝型号为 LY12CZ，硬铝表面经过阳极化处理后，既增加了硬度又增加了光亮度。

硬铝有板材、棒材、管材和型材。用硬铝板制作起落架等零件时必须要退火软化。硬铝退火后能够永久保持弹性。退火的办法是将硬铝加热到 350℃，并在此温度保持一会，然后将其放入水中或空气中冷却。退火后硬铝变软，可以弯曲和冲压，但折弯曲率半径还需要尽量大些，折弯的动作要慢，逐步弯到位。当必须使用锤子敲打时，要在其表面垫一块木头防止敲伤表面，还要用手按住铝板，尽量不要反弹。如果动作过快、过猛，就容易在折弯的地方出现裂纹而使零件报废。

（3）黄铜　黄铜在无人机上主要用来通过车削加工制造轴套等小零件。将黄铜加热到 500℃ 以上后，在空气中冷却即可退火，退火后黄铜变软，易弯曲、易冲压。用黄铜片制作孔径较深的零件或模具时，为了避免产生裂痕，边冲压边退火的过程要进行多次。

5. 复合材料

由两个或两个以上独立的物料，包括黏结材料（基体）和粒料，连同纤维或片状材料所组成的一种固体产物称为复合材料。复合材料包括基体和增强材料。

（1）复合材料的基体　复合材料按基体材料不同，分为聚合物基（树脂基）复合材料、金属基复合材料和无机非金属基（如陶瓷）复合材料。无人机主要采用纤维增强材料的树脂基复合材料。

树脂基复合材料的优点是比金属质量轻、强度高，玻璃钢的比强度是钢材的四倍。碳纤维增强环氧树脂基复合材料的比强度是钛的近五倍。因此，树脂基复合材料在航模中广泛采用。纤维增强材料的抗疲劳作用、抗声振和减振性能好。另外，树脂基复合材料耐蚀性好、热导率低、膨胀系数小、成型工艺性优越。

树脂基复合材料的缺点是表面硬度低、耐磨性差、可燃，抗冲击、剪切强度低，受力过程中可产生分层，耐热性比金属低，一般玻璃钢耐热的温度范围为 $60 \sim 100℃$，高性能树脂基复合材料的耐热温度为 $250℃$ 以下。

复合材料成型工艺有手糊成型工艺、喷射成型工艺、模压成型工艺、缠绕成型工艺、拉挤成型工艺等。目前，除喷射成型工艺外，上述工艺在无人机的不同部位都有应用，应用较广泛的是手糊成型工艺。

（2）复合材料的增强材料

1）短纤维增强塑料。在热固性或热缩性塑料的基体中，均匀分散着长度范围为 $10 \sim 15mm$ 的纤维复合材料，如玻璃纤维和碳纤维的短纤维，来提高零件尺寸稳定性、强度、韧性、耐热性和耐环境性。用短纤维增强塑料制作的螺旋桨、发动机机架等零件，强度高、不易变形、不易断裂、使用安全。

2）玻璃纤维和碳纤维。

① 玻璃纤维是从含有熔融玻璃的熔炉中抽出玻璃细丝，制成束状，再添加润滑剂、上浆剂和偶联剂，经表面处理后制成玻璃纤维。玻璃纤维是非结晶型无机纤维，具有不燃烧，伸长率和线膨胀系数小，耐酸、耐碱、耐高温的特点；缺点是不耐磨、易折断、易受机械损伤，长时间放置强度稍有下降。按玻璃纤维的成分可分为有碱、中碱、无碱、空心等。玻璃纤维制品有纱、布、毡等。玻璃纤维织物有平纹、斜纹和缎纹的玻璃布等。

a. 表面席和表面绢：表面席是用聚苯乙烯做胶黏剂将纤维黏结而成。厚度范围为 $0.375 \sim 0.75mm$，用于覆盖增强塑料的表面，增加光滑度。表面绢的树脂与纤维黏结力比表面席大，厚度更薄，为 $0.3 \sim 0.375mm$，用于玻璃钢制品的表面覆层。

b. 超细玻璃纤维布：直径为 $6\mu m$ 的细纱平织成极细的纤维布。为提高玻璃纤维与环氧树脂的结合性，充分发挥玻璃纤维高强度，采用了优越的偶联剂。

　　油动、电动无人机，无人喷气机大量采用玻璃纤维复合材料制作机体和零部件，外形流线美观，结构强度大。

　　② 碳纤维。生产碳纤维的材料主要有人造丝、聚丙烯腈和沥青三种，通过热解作用制成碳纤维，即聚合物前驱体在高温下还原为连续的碳原子主链。碳纤维的特点是比模量、比强度远远超过钢材，耐蚀性优越，除强氧化剂外，一般酸、碱物质均不起作用，且耐油、耐辐射，具有良好的自润滑性能，摩擦因数小，耐磨性、热导率高，热膨胀系数平行于纤维方向是负值，垂直于纤维方向是正值。

　　碳纤维增强材料主要应用于航空航天、高档汽车配件、电磁屏蔽等产品。无人机使用拉挤工艺生产的碳纤维管材、棒材、片材制作无人机连接件、加强件，如图 3-48 所示。用碳纤维织物和环氧树脂糊制成高强度的机身、机头、尾管、机翼前缘等部分。用预浸碳纤维布压制碳纤维螺旋桨、构架板材、起落架等零件。

　　一束束的碳纤维按照经向和纬向编织成碳素布，每束含 1000 根碳素纤维的称为 1K，含 3000 根的称为 3K。根据工艺要求，可以将碳纤维织成不同的密度，一般 3K 的碳纤维织密度范围为 5 ～ 7 根 /m²。K 数相同，织密度越高，单位面积含碳纤维的数量越多，工艺要求也越高，因此价格也高。而 K 数低的碳纤维布因织密度更高、工艺更复杂其价格会更昂贵，用 1K 碳纤维织成的碳素布价格几乎是 3K 碳纤维的 2 ～ 3 倍。

图 3-48　碳纤维 4K 无人机

　　（3）凯芙拉·芳纶纤维　芳纶纤维全称为聚对苯二甲酰对苯二胺，1970 年由杜邦公司研发成功，取名 Kevlar（译名：凯芙拉）。凯芙拉是一种新型高科技合成纤维，具有超高强度、高模量和耐高温、耐酸耐碱、重量轻等优良性能，其强度是钢丝的 5 ～ 6 倍，模量是钢丝或玻璃纤维的 2 ～ 3 倍，而重量仅为钢丝的 1/5 左右，在 560℃ 的温度下，不分解、不融化。它具有良好的绝缘性和抗老化性能。

芳纶纤维是重要的国防军工材料，可以制成防弹衣、头盔、防切割手套等，广泛应用于航空航天等领域。在宇宙飞船的发射过程中，每减轻 1kg 的动力燃料，就可降低 100 万美元的成本。目前芳纶纤维已有 20 多种规格，开发了上百种的用途，如图 3-49 所示。

无人机部件追求高强度、重量轻，也开始使用芳纶纤维织物，最薄的厚度只有 0.05mm，美国、日本等都在生产，价格较高。

图 3-49　各种规格的芳纶纤维线

6. 蒙膜材料

聚酯（PET）热缩薄膜是一种新型结晶型材料，它易回收、无毒、无味、力学性能好，在常温下稳定、不收缩，加温时收缩，在一个方向能达到 50% 收缩率。加入聚合物改性后，所制得的聚酯共聚物称为 APET 或 PETG，其收缩率可高达 70% 以上。

无人机的蒙膜采用的热缩薄膜是双向拉伸和热熔胶涂层工艺生产出来的双向热收缩聚酯薄膜，它的特点是强度高、不易破损、色彩丰富、规格齐全、易回收、无毒、无味、使用便捷。温度范围在 90 ～ 110℃ 开始收缩，收缩率达 50% 左右。双向热收缩聚酯薄膜以德国、英国的产品质量上乘，品种齐全但价格较高（图 3-50）。近几年我国自行生产的双向热收缩聚酯薄膜，质量也好，而且价格相对便宜。

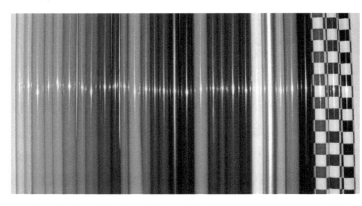

图 3-50　色彩丰富、规格齐全的热缩薄膜

3.2　无人机装配工艺

无人机是典型的机电一体化产品，装配工艺主要包含机械装配工艺和电气装配工艺。固定翼、多旋翼无人机和直升机虽然结构不同，大小不一，但装配基本工艺并无差别。机械装配工艺包括：机械连接、焊接、胶接等和复合材料的连接工艺等；电气装配工艺包括：电气组装原则、电连接器、连接导线的选择和使用，以及锡焊连接技术等。

3.2.1　无人机机械装配工艺

机械装配在无人机的组装中最为重要，装配方法的科学性，工艺的合理性，都会影响无人机的气动性能、强度和可靠性。对于固定翼无人机，机身与机翼的安装精度，直接影响安装角，会影响气动性能；各操纵舵面的安装既要保证各操纵舵面转动灵活，又要使其连接可靠。起落架的安装、发动机的安装和任务载荷的安装，这些安装工作既要保证有很好的可靠性，也要有很好的对称性，同时还要保证无人机重心在设计的范围之内。多旋翼无人机相对简单，其机架的组装、任务载荷的安装也属于机械装配的范畴。

无人机相较于有人机，零件数量相对较少，但装配步骤及要点基本相同。

一、机械连接技术

无人机装配的连接技术主要包括机械连接技术、焊接技术和胶接技术等。其中机械连接又分为铆接和螺纹连接。复合材料的连接主要应用胶接和胶螺连接；在无人直升机装配中，主要应用胶接和胶螺连接；多旋翼无人机则应用胶接及螺纹连接。

铆接一般应用于铝合金薄壁结构上。螺纹连接一般应用于整体壁板和整体构件连接、重要承力部件及可卸连接。胶接一般应用于整体构件、铝合金夹层结构及复合材料上。焊接一般应用于薄壁结构的连接。与胶接组成混合连接称为胶焊。

机械连接应用最广泛，也是最主要的装配手段，目前已发展成为高效、高质量、高寿命、高可靠性的机械连接技术，包括先进高效的自动连接装配技术、高效高质量的自动制孔技术、先进多功能高寿命的连接紧固系统技术、长寿命的连接技术和数字化连接装配技术等。

1. 铆接

铆接是一种不可拆卸的连接形式，是有人机和无人机采用铝合金薄壁结构中，应用最广泛的连接方式。无人机目前较多使用复合材料，因此铆接方式应用较少，但也有所涉及。

铆接分为普通铆接、密封铆接、特种铆接和干涉配合镏接等。

普通铆接是指最常用的凸头或埋头铆钉铆接，其铆接过程为制铆钉孔→制埋头窝（对埋头铆钉而言）→放入铆钉→铆接，如图 3-51 所示。

铆钉孔直径一般比铆钉杆直径大 0.1～0.3mm，铆钉孔的质量除孔径的公差要求之外，对孔的椭圆度、垂直度、孔边毛刺和表面质量都有要求，一般要求其表面粗糙度 Ra 值不大于 6.3μm。

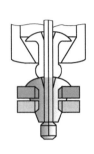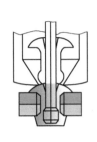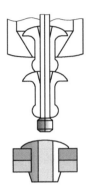

图 3-51　铆接典型工序

铆接的优点：使用工具机动灵活、简单、价廉，适用于较复杂结构的连接，连接强度较稳定、可靠，操作工艺易掌握，容易检查和排除故障，适用于各种不同材料之间的连接；缺点：容易引起变形，蒙膜表面不够平滑，普通铆接的疲劳强度低且密封性差，劳动强度大，生产率低，劳动条件差，增加了结构的重量。

2. 螺纹连接

螺纹连接是无人机装配的主要连接形式之一，具有强度高、可靠性好、构造简单、安装方便、易于拆卸的特点。常用的螺纹紧固件如图 3-52 所示。螺纹连接应用于无人机承力结构部位的连接，尤其在大部件的对接，如机翼与机身的对接多采用高强度的重要螺栓。还有一些需要经常或定期拆卸的结构，如可卸壁板、口盖、封闭结构的连接，以及易损结构件，如前缘、翼尖的连接，常采用托板螺母连接的方式，能很好地解决工艺性、检查维修和便于更换的问题。

图 3-52　常用的螺纹紧固件

（1）普通螺栓连接（图 3-53）　将螺栓的杆身穿过两个被连接零件上的通孔，套上垫圈，再用螺母拧紧,使两个零件连接在一起的一种连接方式。装配后孔与螺栓杆身之间存在间隙,该间隙在工作中不允许消失。普通螺栓连接结构简单,装拆方便,可多个装拆,应用较广。

(2)精密螺栓连接(图3-54) 精密螺栓连接装配后无间隙,主要承受横向载荷,也可作为定位用,通常采用基孔制配合铰制孔螺栓连接。

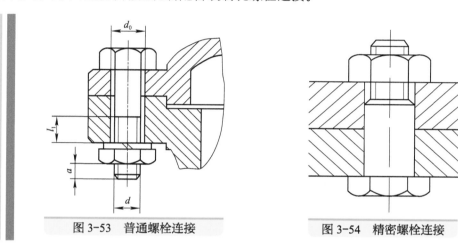

图3-53 普通螺栓连接　　　　　　图3-54 精密螺栓连接

(3)双头螺柱连接(图3-55) 螺杆两端均有螺纹,装配时一端旋入被连接件,另一端配以螺母。该连接适用于经常拆卸而被连接件之一较厚时,不便使用螺栓连接的地方。拆装时只需拆下螺母,不用将双头螺柱从被连接件中拧出。

(4)螺钉连接(图3-56) 该连接适用于被连接件的厚度较厚(上带螺纹孔),受力不大和不需要经常装拆的地方。

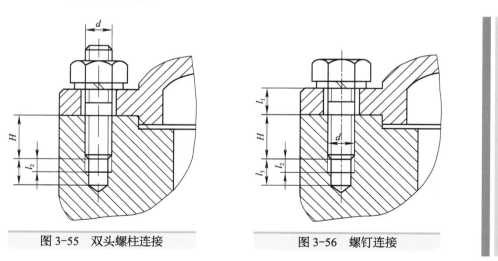

图3-55 双头螺柱连接　　　　　　图3-56 螺钉连接

(5)紧定螺钉连接(图3-57) 拧入螺钉后,利用螺钉的末端顶住另一个零件的表面或旋入零件相应的缺口中以固定零件的相对位置,该连接可传递不大的轴向力或转矩。

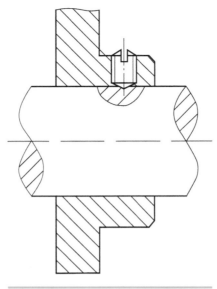

图 3-57　紧定螺钉连接

（6）特殊连接　该连接包括地脚螺栓连接（图 3-58）和吊环螺钉连接（图 3-59）。

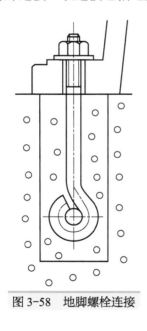

图 3-58　地脚螺栓连接

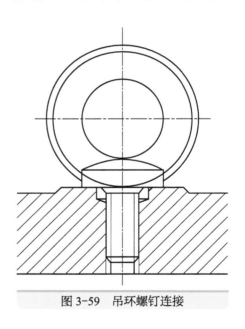

图 3-59　吊环螺钉连接

3. 防松办法及措施

无人机的振动难以避免，因此必须进行防松处理。一般微型无人机选择化学防松的方式，在螺纹处滴入螺纹胶。轻型及以上无人机参照通航载人机的做法采用其他防松方式。

（1）摩擦防松　主要采用双螺母、弹簧垫圈、尼龙垫圈、自锁螺母等进行摩擦防松，双螺母防松如图 3-60 所示。自锁螺母防松时螺母一端做成非圆形收口或开峰后径面收口，螺母拧紧后收口胀开，利用收口的弹力使旋合螺纹间压紧，如图 3-61 所示，也可以在螺母中预置弹性橡胶圈。

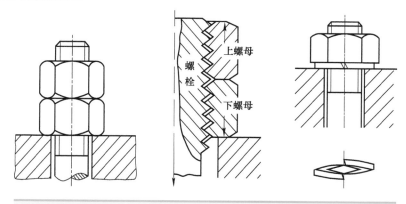

图 3-60 双螺母防松

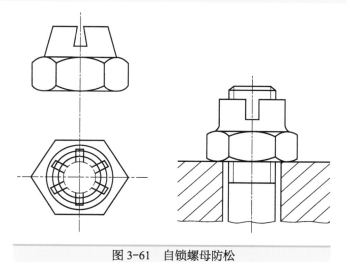

图 3-61 自锁螺母防松

（2）机械防松 如开槽螺母与开口销，圆螺母与止动垫圈，弹簧垫片，轴用带翅垫片，止动垫片，串联钢丝等，如图 3-62 所示。

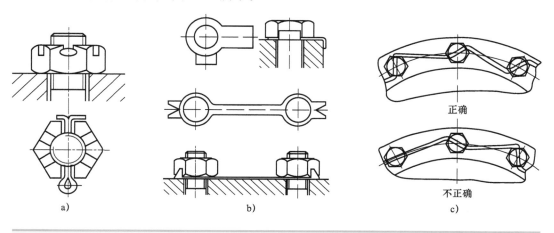

图 3-62 机械防松

（3）永久防松　包括端铆、冲点和点焊。

（4）化学防松　即黏合。

二、焊接技术

焊接也称作熔接，是一种以加热、高温或高压的方式接合金属或其他热塑性材料，如塑料的制造工艺及技术。焊接通过下列三种途径达到接合的目的。

1. 熔焊

加热欲接合的工件，使之局部熔化形成熔池，熔池冷却凝固后便可接合，必要时可加入熔填物辅助。熔焊适合各种金属和合金的焊接加工，不需要压力。

2. 压焊

压焊是指焊接过程中，必须对焊件施加压力，适用于部分金属材料的加工。

3. 钎焊

采用比母材熔点低的金属材料做钎料，利用液态钎料润湿母材，填充接头间隙，并与母材互相扩散实现连接焊件，适合各种材料的焊接加工，也适用于不同金属或异类材料的焊接加工。

在航空工业中焊接技术被广泛应用，焊接受力较大的组合件和板件时，可部分代替铆接结构，比如大固定翼无人机的机翼、机身等部位，直升机的机身结构、起落架，多旋翼无人机机架及起落架等都大量用到焊接技术，尤其是薄壁钣金零件常用电焊连接。与铆接和胶接相比，该方式具有生产率高且成本低的优势。

三、胶接技术

把两个或多个物体通过另外一种材料在其两相界面间产生的分子间力连接在一起，称为黏结，被黏结的物体称为被黏物，黏结所使用的材料称为胶黏剂，通过黏结得到的组件称为胶接接头（胶接件），减弱黏结称为脱黏。

1. 工艺流程

制订方案→选定黏结剂→初清→制备黏结接头→黏结件表面处理→黏结剂的调配→涂胶→固化→清理→检查→转序→包装入库。

2. 工艺要求

黏结工艺的基本要求是"平、干、净、匀、够"五个字，即黏结面要平整；清洗过后一定要自然晾干、烘干，切莫用手摸；接触面的黏面一定要干净，不能有油污、铁锈、灰尘；涂胶要均匀；压力要够，受压方向一定要垂直于工件表面，并保持作用于工件中心，以免打滑。

黏结工艺质量要求见表3-1。

表 3-1 黏结工艺质量要求

工 序	内 容 要 求
制订方案	1）根据工件（黏结物）的材料、黏结要求制订黏结方案 2）黏结方案应考虑操作人员、操作环境、生产周期、黏结材料的采购等重要因素 3）遇到特殊情况，还应制作适当、实用的黏结辅助工装，以提高黏结效果和黏结效率 4）对于慢速固化的黏结剂，应该有适当的晾干支架和平台等
选定黏结剂	1）按照黏结物即黏结的工件，选定合适的黏结剂。不同材质的黏结剂种类不同，具体黏结剂的选用，参考表 3-2 2）选择黏结剂考虑的因素如下： ①根据被黏物材料的种类、性质、大小和硬度 ②根据被黏物的形状结构和工艺条件（致密 / 多孔，新 / 旧表面，形状复杂） ③根据胶接件使用环境（承受的负荷和形式，温湿度，酸碱度，光照强度，气体，耐久性）；一般热固性胶黏剂强度较高 ④特殊要求，如导电、导热、耐高温和耐低温 ⑤成本（是低档还是尖端产品，是强度件还是功能件，机械化因素的影响）
初清	1）选用适合的清洗材料，对工件初步清洗表面，去除表面的油污和铁锈等 2）选用的清洗材料不能对工件有腐蚀性、浸染性，不能与工件材料发生任何化学反应 3）清洗后的工件应放置在通风处自然风干，或在适当温度下烘干 4）晾干前不能用手触摸未干的工件
制备黏结接头	1）确定黏结头的材料，最好采用与黏结基材（黏结物）同种材料 2）确定黏结头的位置，再按其位置设计黏结头的形式 3）黏结头的设计应遵循如下原则： ①保证在黏结面上应力分布均匀 ②具有最大的黏结面积，提高黏结头的承载能力 ③将应力减少到最小限度，尽可能使接头胶层承受拉力、压力和剪力，避免承受剥离力和不均匀扯离力，最好的结构是套接，其次为槽接或斜接 ④尽可能采用黏结连接和机械连接结合的混合接法
黏结件表面处理	被黏结物要获得高黏结强度的首要条件是黏结剂对被黏结物的完全浸润，这就要求被黏结物要有最佳的表面状态，使之与黏结剂形成的黏结力超过胶层的内聚力，从而有效地提高黏结强度和耐久性，因此要求对被黏结物进行必要的表面处理 1）表面处理的方法，一般有三种： ①溶剂清洗法：目前广泛使用脱脂棉沾湿有机溶剂进行擦拭清洁被黏材料表面。常用的溶剂有柴油、汽油、乙醇、丙酮、笨、甲苯等 ②机械处理法：用砂纸、钢丝刷等手工方法打磨表面。用喷砂法清除被黏材料表面上的锈斑等污物，效果更好 ③化学处理法：用配好的酸、碱溶液或某些有机盐溶液将被黏材料表面的一切油污杂质清除掉 2）经过表面处理的黏结面应满足两个要求： ①表面应有一定的粗糙度 ②清洁干净

（续）

工　序	内　容　要　求
黏结剂的调配	1）根据黏结物的材料，自行配制黏结剂 2）采购的成品黏结剂，应先核准其有效期。在有效期内的成品黏结剂，可按其使用说明直接使用 3）需要配比的成品黏结剂，应适量混合，避免因混合量超过使用量而固化浪费 4）使用速黏性黏结剂时应注意开口大小，开口不能过小，避免使用时发生喷射，开口也不能过大，避免使用时发生滴流，最好采用点滴式 5）配胶所用的器皿必须干燥，未用的各组分胶切忌掺混 6）配制黏结剂时，应注意周边环境和自身安全。如眼、鼻、手、脸等，适当做好保护，严防配料溢溅 7）黏结前，应该对黏结剂进行如下必要处理： ①稀释：选择合适的稀释剂，按适当比例改变黏结剂的浓度和黏度，能盖上胶液的涂覆性，节约高黏度黏结剂的用量，但必须根据实际情况而定 ②调色：可使胶层颜色与黏结材料保持一致，一般添加无机颜料 ③填充：能增加黏结强度，提高黏结剂黏度和耐热性等
涂胶	1）涂底胶：黏结表面在施工中，一般先涂一层底胶，主要起如下作用： ①保护作用：可避免表面受腐蚀或污染，延长处理好的表面的存放时间 ②定位作用：可以用来固定胶膜或使被黏结部件定位 ③改善黏结性能，提高黏结强度 ④改善黏附性能：在被黏物表面涂底胶（偶联剂）可以增加黏结剂与被黏物间的结合力 2）根据黏结剂状态选择合适的涂胶方法，一般有如下几种： ①刷涂法：使用毛刷将黏结剂沿一个方向涂于黏结表面。该方法的优点是操作方便，无需特殊设备，能适用于各种复杂零件的黏结；缺点是涂敷厚度不均匀，生产率低 ②刀刮法：将胶液倒在黏结表面上，使板件从刀片下通过，刀片与刀杆是可以调整的，用来控制板件上的胶层厚度。刀刃与被黏结件表面之间的距离，即为胶层厚度。刀刃有时也可加工成锯齿形、方形等。该方法的优点是方法简单，效果较好；缺点是涂敷厚度不均匀，质量不稳定 ③滚涂法：使用胶辊将胶均匀地涂于黏结表面。该方法具有功效高，胶层均匀，易于操作的特点 ④喷涂法：使用各种喷漆设备将胶喷于黏结表面。该方法的优点是涂胶速度快，易于实现自动化；缺点是喷出的胶雾对操作者身体有危害 ⑤熔融法：使用热熔枪将胶注入枪体加热熔融，然后从枪头挤出至被黏物体的表面，再迅速搭接即可 3）涂胶时有如下注意事项： ①如果黏结剂浓度小、密度大，黏结表面粗糙疏松，用胶量宜多一些，反之则宜少一些 ②涂胶时必须保证胶层均匀，施工时应防止黏结层出现气泡 ③涂胶遍数与黏结剂性质及胶层有关。一般涂一次／面，多数溶剂型黏结剂则要涂敷 2 ～ 3 次。对于多孔材料的黏结，要适当地增加涂胶量和涂胶次数 ④涂胶量与涂胶层因不同种类的黏结剂而异。一般无机黏结剂的胶层厚度为 0.1 ～ 0.2mm，有机黏结剂的胶层厚度为 0.05 ～ 0.15mm ⑤涂胶后应保证胶层中的溶剂充分挥发，不宜过度晾置，否则会使黏结强度下降
固化	1）初固化，也称凝胶，就是将黏结剂在室温下放置一定时间，使其初步进行固化反应，增大黏度，直致凝胶。这对室温固化的黏结剂，也是初固化和固化两个步骤合二为一的过程。对于高温固化的黏结剂，这一步也非常关键，如果黏结、合拢后马上进行加热固化，胶液黏度或骤降，或发生流胶，也可能使黏结位置错动 2）固化，是黏结剂通过溶剂挥发、熔体冷却、乳液凝聚等物理作用，或通过缩聚、加聚、交联、接枝等化学反应，使其胶层变为固体的过程，固化是获得黏结性能的最后一步，对黏结强度影响极大。在固化过程中，温度、压力、时间是固化工艺的三个重要参数。各种黏结剂与固化过程中要求的外界温度、施加的压力、固化的时间关系，见表 3-3 3）后固化，又称热处理，是将固化后的黏结件放置在一定温度下保持一段时间，起到补充固化的作用，这样就可以消除内应力，提高黏结强度。对于使用条件高的黏结件，一定要进行后固化 固化过程应按照固化的方式，选择一些晾置台／架等，并保持环境清洁

（续）

工　序	内　容　要　求
清理	预防：在黏结时，为了防止非黏结表面污染或产生过多余胶，可采用聚乙烯、聚氯乙烯（最好为压敏型胶带）薄膜或玻璃纸等保护工件的非涂胶层。但此方法仅适用于室温固化型环氧黏结剂。如果使用高温热固化环氧黏结剂，则可用有机硅脂或其他有机硅做脱模剂。此外，也有涂聚苯乙烯-甲苯溶液或润滑油脂于非黏结面作为脱模剂使用，也能起到同样的作用 当产生余胶时，为了满足外观上的要求，必须在两个被黏结件面合拢后，固化之前将多余黏结剂清除干净。对已固化的余胶，条件允许时可采用机械加工（车、铣、刨、磨等）或喷砂等方法除去余胶，加工时需要注意背吃刀量不宜太大，防止胶层受到冲击力而降低黏结强度。条件允许时，可选用黏结剂对应的溶剂擦拭
检查	1）目测法：检验员用眼睛观察黏结件的黏结头和黏结面处有无裂纹、裂缝和缺胶现象 2）敲击法：用小手锤敲击黏结表面，从发出的声音判断黏结质量。如果局部无缺陷，则敲击时发出的声音清晰；反之声音低沉，说明内部有缺陷、气泡

表 3-2　黏结剂的选用参考

被黏物	泡沫塑料	织物皮革	木材纸张	玻璃陶瓷	橡胶制品	热塑性塑料	热固性塑料	金属材料
金属材料	7、9	2、5、7、8、9、13	1、5、7、13	1、2、3、8	9、10、8、7	2、3、7、8、12	1、2、3、5、7、8	1、2、3、4、5、6、7、8、13、14
热固性塑料	2、3、7	2、3、7、9	1、2、9	1、2、3	2、7、8、9	8、2、7	2、3、5、8	
热塑性塑料	7、9、2	2、3、7、9、13	2、7、9	2、8、7	9、7、10、8	2、7、8、12、13		
橡胶制品	9、10、7	9、7、2、10	9、10、2	2、8、9	9、10、7、8			
玻璃陶瓷	2、7、9	2、3、7	1、2、3	2、3、7、8、12				
木材纸张	1、5、2、9、11	2、7、9、11、13	11、2、9、13					
织物皮革	5、7、9	9、10、13、7						
泡沫塑料	7、9、11、2							

注：1—环氧-脂肪胺胶　2—环氧-聚酰胺胶　3—环氧-聚硫胶　4—环氧-丁腈胶　5—酚醛-缩醛胶　6—酚醛-丁腈胶　7—聚氨酯胶　8—丙烯酸酯类胶　9—氯丁橡胶胶　10—丁腈橡胶胶　11—乳白胶　12—溶液胶　13—热熔胶　14—无机胶

表 3-3 常用黏结剂固化工艺条件

品 种	压 力	温 度	时 间
脲醛树脂胶	触压～1MPa	室温～120℃	数分钟至数小时
酚醛树脂胶	0.1～1MPa	室温～150℃	数分钟至数小时
酚醛 - 热固性树脂胶	0.3MPa	100℃以上	数小时
酚醛 - 热塑性树脂胶	0.3MPa	100℃以上	数小时
酚醛 - 橡胶胶	0.3～0.5MPa	室温～200℃	数小时
环氧树脂胶	触压	室温～200℃	数小时至几十小时
环氧 - 热固性树脂胶	触压～0.3MPa	100℃以上	数小时
环氧 - 热塑性树脂胶	触压～0.3MPa	室温～150℃	数小时
环氧 - 橡胶黏结剂	触压～0.3MPa	室温～150℃	数小时
聚氨酯胶	触压	室温～120℃	数小时至几十小时
丙烯酸酯胶	触压～0.2MPa	室温～120℃	数小时至几十小时
无机黏结剂	0.05～0.3MPa	100℃	几十小时
热熔胶	滚压或0.1～0.5MPa	100～200℃	数秒至数分钟
不饱和聚酯胶	触压	室温～120℃	数秒至数分钟
α氰基丙烯酸酯胶	触压	室温	数分钟
聚醋酸乙烯胶	0.05～0.3MPa	室温	数小时
聚乙烯醇缩醛胶	0.1～0.3MPa	室温～120℃	数小时
尼龙胶	0.1～0.3MPa	室温～120℃	数小时
有机硅树脂胶	0.3～1MPa	150℃以上	数小时
有机硅橡胶胶	触压	室温～120℃	数小时至数十小时
聚酰亚胺胶	0.3～0.5MPa	200℃以上	数小时
聚苯肼 - 咪唑胶	0.3～0.5MPa	200℃以上	数小时
氯丁胶	触压～0.3MPa	室温～100℃	数小时
丁腈胶	0.3～0.5MPa	室温～100℃	数小时
压敏胶	指压、滚压	室温	数秒钟

四、复合材料结构装配连接方法

复合材料零件之间或复合材料与金属零件之间的装配连接有机械连接、胶接和混合连接三种方法。在复合材料连接工艺技术中，选用何种连接方法，主要根据实际使用要求而定。一般来讲，当承载较大、可靠性要求较高时，宜采用机械连接；当承载较小、构件较薄、环境条件不十分恶劣时，宜采用胶接；在某些特殊情况下，为提高结构的破损—安全特性时，可采用混合连接。

1. 机械连接

复合材料的机械连接是指将复合材料被连接件局部开孔，然后用铆钉、销和螺栓等将其紧固连接成整体。在复合材料的连接中，机械连接仍是主要的连接方法。

（1）机械连接的优点

1）连接的结构强度比较稳定，能传递大载荷。

2）抗剥离能力强，安全可靠。

3）维修方便，连接质量便于检查。

4）便于拆装，可重复装配。

（2）机械连接的缺点

1）复合材料结构件装配前钻孔困难，刀具磨损快，孔的出口端易产生分层。

2）开孔部位引起应力集中，强度局部降低，孔边易过早出现挤压破坏。

3）金属紧固件易产生电化学腐蚀，须采取防护措施。

4）复合材料结构在实施机械连接过程中易发生损伤。

5）增加紧固件或铆钉的重量，连接效率低。

2. 胶接

复合材料的胶接是指借助胶黏剂将胶接零件连接成不可拆卸的整体，是一种较实用、有效的连接工艺技术，在复合材料结构连接中应用较普遍。

（1）胶接的优点

1）表面光滑，外观美观，工艺简便，操作容易，可缩短生产周期。

2）不会因钻孔和焊点周围应力集中而引起疲劳龟裂。

3）胶层对金属有防腐保护作用，可以做绝缘层，防止发生电化学腐蚀。

4）胶接件通常表现出良好的阻尼特性，可有效降低噪声和振动。

5）可以减轻结构重量，提高连接效率。

（2）胶接的缺点

1）质量控制比较困难，并且不能检测胶接强度。

2）胶接性能受环境（湿、热、腐蚀介质）的影响。

3）被胶接件必须进行严格的表面处理。

4）存在一定的老化问题。

5）胶接连接后一般不可拆卸。

3. 混合连接

混合连接是将胶接与机械连接结合起来，从工艺技术上严格保证两者变形一致、同时受载，其承载能力和耐久性将会大幅度提高，可以排除两种连接方法各自的固有缺点。混合连接主要用于提高破损安全性，解决胶接的维修，改善胶接剥离性能等。

3.2.2　无人机电气装配工艺

无人机电气系统一般包括电源、配电系统、用电设备三个部分，电源和配电系统的组合统称为供电系统。供电系统的功能是向无人机各个用电系统或设备提供满足预定设计要求的电能。

一、电气装配工艺要求

1．一般要求

1）各种元器件、材料均应检验合格后方可进行安装，安装前应检查其外观、表面有无划伤和损坏。

2）排线安装时注意保证排线方向、极性正确，安装位置要正，不能歪斜。

3）安装过程中要注意元器件的安全要求，如安装静电敏感器件要注意防静电。

4）部件在安装过程中不允许产生裂纹、凹陷、压伤和可能影响产品性能的其他损伤。

5）安装时勿将异物掉入机内。在安装过程中应随时注意有否掉入螺钉、焊锡渣、导线头及工具等异物。

6）在整个安装过程中，应注意整机的外观保护，防止出现划伤、弄脏、损坏等现象。

7）不允许作业者佩戴戒指、手表或其他金属硬物，不允许留长指甲。

8）接触机器外观部位的工位和对人体有可能造成伤害的工位（如底壳锋利的折边）必须戴手套作业。

9）拿、抱成品时，产品不能贴住身体，应距离身体 10cm 以上，防止作业者的厂牌、衣服上的纽扣等硬物对产品造成外观划伤。

2．工具要求

1）所有的仪器、仪表、电烙铁必须要可靠接地。

2）应防止作业工具对产品外观造成划伤。

3）悬吊的螺钉旋具未作业时（自由悬吊状态），应距离机器上表面在 15cm 以上。

4）工具未使用时应放在固定的位置，不能随意放置。

3．物料拿取作业标准

（1）元器件的拿取

1）作业者的手指（或身体上任何暴露部位）应避免与元件引脚、印制电路板（PCB）焊盘接触，以免引脚、焊盘黏上人体汗液，影响焊接的质量和可靠性。

2）拿取大元件或组件时，应拿住能支撑整个元件重量的外壳，而不能抓住如引线之类的薄弱部位来提起整个元件，如图 3-63 所示。

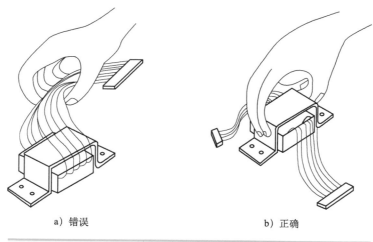

a）错误　　　　　　　　　　b）正确

图 3-63　大元件或组件的拿取方法

3）个别特殊部件在拿取时应按相关要求使用专用的辅助工具拿取。

（2）PCB 组件拿取

1）PCB 组装件如果有用螺钉紧固的金属件，如散热片、支架等，则在拿取时应抓住这些金属件、支架的受力部位。

2）如果有辅助工具，则一定要严格按相关要求使用辅助工具拿取。

3）通常情况下 PCB 板上的元件或导线不能作为抓取部位。

4. 插排线作业规范

1）排线插入时要平衡插入，保证插正、插紧。

2）带扣位或带锁的排线要扣到位，保证锁紧。

3）连接件的插针不可插歪，如图 3-64 所示。

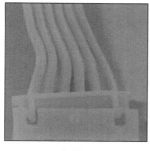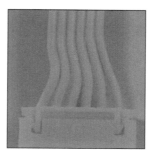

a）错误　　　　　　　　　　b）正确

图 3-64　插排线作业规范

5. 剪钳作业规范

1）线扎剪切作业要求：扎线保留线头的长度范围为 2 ～ 5mm，如图 3-65 所示。

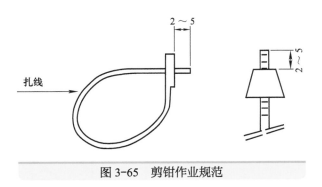

图 3-65　剪钳作业规范

2）线头平齐，如图 3-66 所示。

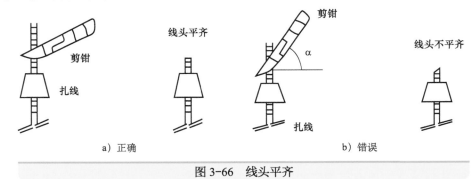

a）正确　　　　　　　　　　b）错误

图 3-66　线头平齐

3）剪扎线不能剪断、剪伤任何导线，如图 3-67 所示。

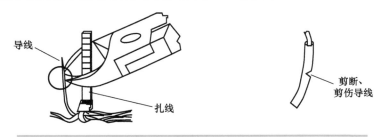

图 3-67　不能剪断、剪伤任何导线

4）剪元件引脚作业标准：如果元件引脚的直径小于 0.7mm 时，元件引脚的长度范围为 2～3mm，如果元件引脚的直径大于或等于 0.7mm 时，元件引脚的长度范围为 2～5mm，如图 3-68 所示。

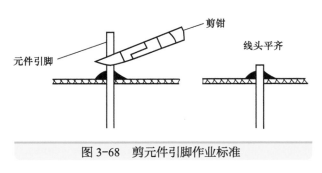

图 3-68　剪元件引脚作业标准

5）剪钳刀刃要锋利。元件脚未剪断时剪钳不能回扯，以免铜箔剥离电路，如图 3-69 所示。

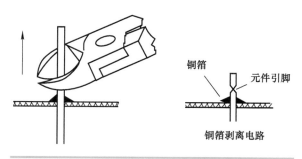

图 3-69　元件脚未剪断时因回扯铜箔剥离电路

6．选择连接导线

选用导线时一般遵循以下三个原则：

1）近距离和小负荷按发热条件选择导线截面（安全载流量），用导线的发热条件控制电流，截面积越小，散热越好，单位面积内通过的电流越大。

2）远距离和中等负荷在安全载流量的基础上，按电压损失条件选择导线截面。远距离和中等负荷仅仅不发热是不够的，还要考虑电压损失，要保证负荷点的电压在合格范围内，电器设备才能正常工作。

3）大负荷在安全载流量和电压降合格的基础上，按经济电流密度选择，同时要考虑电能损失，电能损失和资金投入要在最合理范围内。

7．布线原则

元器件的布线主要在无人机机身内部，布线必须遵守相关原则，以免导线相互干扰，尤其对于微型无人机，内部空间较小，更应仔细布线，满足装配工艺的要求。

1）应选择最短的布线距离，但连接时导线不能拉得太紧。

2）不同种类的导线应避免相互干扰和寄生耦合。

3）导线应远离发热元器件，不能在元器件上方近距离走线。

4）电源线不能与信号线平行。

5）埋线应保持方向一致、美观，扎线应扎紧，并且扎带之间保持一定的间距，所有线材都应尽量捆扎在扎带内，扎结朝向一致。

8．无人机内部工艺检查

在完成组装工序前须对无人机内部工艺进行检查，包括：

1）检查无人机内部各螺钉是否齐全并且拧紧。

2）检查无人机内各连接线是否插接牢固、可靠，各连接线不能与散热片接触（以防过热致使线材熔坏）。

3）检查无人机内部工艺连接线的走线是否整齐、美观。

4）检查成品内部是否存有异物（如有无掉入的螺钉和线脚等）。

9．无人机外部检查

1）检查机身外观是否有污迹和脏印迹等现象。

2）检查机身表面是否有脱漆、划花、毛刺等现象。

3）检查电源键、功能按钮等是否有卡死、偏斜、手感不良问题。

4）检查旋钮、按键是否有卡死、手感不良问题。

二、电子元器件焊接工艺

1．锡焊

锡焊是利用低熔点的金属焊料加热熔化后，渗入并充填金属件连接处间隙的焊接方法，常用烙铁作为加热工具。因焊料常为锡基合金，故名锡焊。锡焊广泛用于电子工业中。

2．锡焊的焊接材料

（1）锡铅合金焊料　焊锡是由锡和铅两种金属按一定比例熔合而成的，其中锡所占的比例稍高。焊锡是连接元器件与 PCB 之间的介质，在电子线路的安装和维修中经常使用。纯锡为银白色，有光泽，富有延展性，在空气中不易氧化，熔点为 232℃。锡能与大多数金属熔合而形成合金。但纯锡的材料呈脆性，为了增加材料的柔韧性和降低焊料的熔点，必须用另一种金属与锡熔合，以提高锡的性能。

纯铅为青灰色、质软而重，有延展性，易氧化，有毒性，熔点为 327℃。当锡和铅按比例熔合后，构成锡铅合金焊料，此时，它的熔点变低，使用方便，并能与大多数金属结合。焊锡的熔点会随着锡铅比例的不同而变化，锡铅合金的熔点低于任何其他合金的熔点。优质的焊锡其锡铅比例是按 63% 的锡和 37% 的铅配比的，这种配比的焊锡熔点为 183℃。有些质量较差的焊锡熔点较高，凝固后焊点粗糙呈糠渣状，这是由于焊锡中铅含量过高所致。为改善焊锡的性能，还出现了加锑焊锡、加镉焊锡、加银焊锡和加铜焊锡。

（2）助焊剂　助焊剂在焊接工艺中起到帮助和促进焊接过程的作用，具体作用如下：

1）破坏金属氧化膜使焊锡表面清洁，有利于焊锡的浸润和焊点合金的生成。

2）能覆盖在焊料表面，防止焊料或金属继续氧化。

3）增强焊料和被焊金属表面的活性，降低焊料的表面张力。

4）焊料和焊剂是相熔的，可增加焊料的流动性，进一步提高浸润能力。

5）能加快热量从电烙铁头向焊料和被焊物表面传递速度。

6）合适的助焊剂还能使焊点美观。

助焊剂分为无机类、有机类和树脂类三大类。在电子产品的焊接中使用比例最大的是松香，即树脂类助焊剂。松香在固态时呈非活性，只有液态时才呈活性，其熔点为127℃，活性可以持续到315℃。锡焊的最佳温度为240～250℃，正处于松香的活性温度范围内，并且它的焊接残留物不存在腐蚀问题。这些特性使松香成为非腐蚀性焊剂被广泛应用于电子设备的焊接中。

使用松香类助焊剂时应注意，松香反复加热使用后会碳化发黑，不起助焊作用，还影响焊点质量。另外，当温度达到600℃时，松香的绝缘性能下降，焊接后的残留物对发热元器件有较大的危害。现在普遍使用氢化松香，它是一种高活性松香，性能更稳定，助焊作用更强。

（3）阻焊剂　在浸焊和波峰焊中，要求焊料只在规定的焊点上进行焊接，其他不需要焊接的地方就要隔离，因此就需要通过阻焊剂来实现。阻焊剂是一种耐高温的涂料。阻焊剂一般覆盖PCB板面，起保护作用，防止PCB受到热冲击或机械损伤。同时，防止短路、虚焊的情况发生，可以有效提高焊接效率和质量。

3. 手工焊接技术

（1）电烙铁的握法　电烙铁要拿稳对准，一般有三种握法，如图3-70所示，具体选择哪种握法根据实际的焊接情况确定。

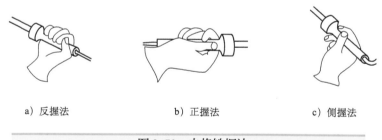

a）反握法　　　　b）正握法　　　　c）侧握法

图3-70　电烙铁握法

1）反握法：用五指把电烙铁的柄握在掌内，此法适用于大功率电烙铁，焊接散热量大的被焊件。

2）正握法：此法适用于较大的电烙铁，弯形的电烙铁头一般采用此法。

3）侧握法：用握笔的方法握电烙铁，此法适用于小功率的电烙铁，焊接散热量小的被焊件。

（2）焊锡丝的拿法　焊锡丝一般有两种拿法，即连续锡丝拿法和断续锡丝拿法，如图3-71所示。

（3）焊接五步法　手工焊接一般采用五步法，如图3-72所示。

a）连续锡丝拿法

b）断续锡丝拿法

图 3-71 焊锡丝的拿法

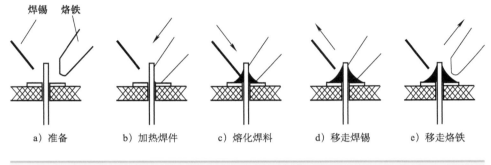

a）准备　　　b）加热焊件　　　c）熔化焊料　　　d）移走焊锡　　　e）移走烙铁

图 3-72 焊锡五步法

1）准备施焊。左手拿焊丝，右手握电烙铁，进入备焊状态。要求电烙铁头保持干净，无焊渣等氧化物，并在表面镀一层焊锡。

2）加热焊件。电烙铁头靠在两焊件的连接处，加热整个焊件，时间为 1～2s。在 PCB 上焊接元器件时，要注意使电烙铁头同时接触焊盘和元器件的引线。

3）熔化焊料。当焊件加热到能熔化焊料的温度后将焊丝置于焊点，焊料开始熔化并润湿焊点。

4）移走焊锡。当焊丝熔化一定量后，立即向左上 45°方向移开焊丝。

5）移走烙铁。焊锡浸润焊盘和焊件的施焊部位以后，向右上 45°方向移开电烙铁，结束焊接。

（4）注意事项　锡丝成分中含铅，而铅是对人体有害的重金属，因此操作时应戴手套或操作后洗手，避免食入铅；同时，人的鼻子应距离电烙铁不小于 30cm 或配置抽风吸烟罩。另外，使用电烙铁要配置烙铁架，一般放置在工作台右前方。电烙铁用后一定要稳妥放于烙铁架上，并注意导线等物不要触碰烙铁头。

4．焊接质量

（1）焊点质量要求　对焊点的质量要求主要从电气连接、机械强度和外观方面考虑。

1）电气连接可靠。焊点的质量极大地影响电子产品的可靠性，焊点应保证足够数量。

2）机械强度足够。焊接在保证电气连接的同时，还起到固定元器件即机械连接的作用，这就要求焊点也要保证足够的机械强度。机械强度与焊料的多少有直接影响，但是不能一味地增加焊料，导致虚焊、桥接短路的故障发生。因此，焊接过程应选择合适的焊料，控制焊料数量及选择合适的焊点形式。

3）外观平整、光洁。一个合格焊点从外观上看，必须达到的要求为：形状以焊点的中心为界，左右对称，呈半弓形凹面；焊料量均匀适当，表面光亮平滑，无毛刺和针孔。合格的焊点形状如图 3-73 所示。

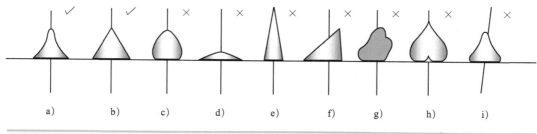

图 3-73　合格的焊点形状

（2）焊接质量检验

1）目视检查。从外观检查焊接质量是否合格，查看焊点是否存在缺陷，主要检查内容：根据装配图样检查是否漏焊；焊点的外观是否平整、光洁；焊点周围是否残留焊剂；有没有连焊及焊盘脱落的现象发生；焊点有无裂纹和拉尖现象。

2）手触检查。触摸或轻轻摇动元器件时，检查焊点是否有松动、焊接不牢和脱落的现象；还可尝试用镊子夹住元器件引线轻轻拉动，检查有无松动的现象。

3）通电检查。在外观检查结束以后，确定连线正确，才可进行通电检查，此步骤是检验电路性能的关键。通电检查可以查出许多微小的缺陷，如用目视检查法查不到的电路桥接，但对于内部虚焊的隐患就不容易检查出来。

（3）常见焊点的缺陷及分析　　造成焊接缺陷的原因有很多，在材料、工具一定的情况下，采用的焊接方式和方法是较大的影响因素。在接线端子上焊导线时，常见的缺陷如图 3-74 所示。

1）桥接：焊锡将相邻的 PCB 导线连接起来。原因是加热时间过长、焊锡温度过高、电烙铁撤离角度不当。

2）拉尖：焊点出现尖端或毛刺。原因是焊料过多、助焊剂少、加热时间过长、焊接时间过长、电烙铁撤离角度不当。

3）虚焊：焊锡与元器件引线或与铜箔之间有明显黑色界线，焊锡向界线凹陷。原因是 PCB 和元器件引线未清洁好、助焊剂质量差、加热不够充分、焊料中杂质过多。

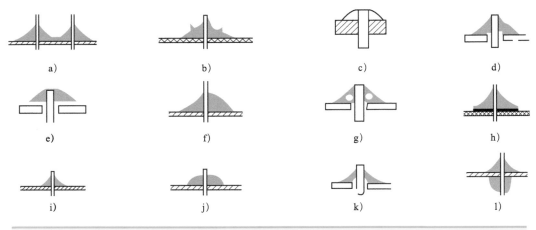

图 3-74　常见焊点的缺陷

4）松香焊：焊缝中还将夹有松香渣。主要原因是焊剂过多或已失效、焊剂未充分挥发作用、焊接时间不够、加热不足、表面氧化膜未去除。

5）铜箔翘起或剥离：铜箔从 PCB 上翘起甚至脱落。主要原因是焊接温度过高，焊接时间过长、焊盘上金属镀层不良。

6）不对称：焊锡未流满焊盘。主要原因是焊料流动性差、助焊剂不足或质量差、加热不足。

7）气泡和针孔：引线根部有喷火式焊料隆起，内部藏有空洞，用目测或低倍放大镜可见有孔。主要原因是引线与焊盘孔间隙大、引线浸润性不良、焊接时间长，孔内空气膨胀。

8）焊料过多：焊料表面呈凸形。主要原因是焊料撤离过迟。

9）焊料过少：焊接面积小于焊盘的 80%，焊料未形成平滑的过渡面。主要原因是焊锡流动性差或焊丝撤离过早、助焊剂不足、焊接时间太短。

10）过热：焊点发白，无金属光泽，表面较粗糙，呈霜斑或颗粒状。主要原因是电烙铁功率过大，加热时间过长、焊接温度过高。

11）松动：外观粗糙，似豆腐渣一般，且焊角不匀称，导线或元器件引线可移动。主要原因是焊锡未凝固前引线移动造成空隙、引线未处理好（浸润差或不浸润）。

12）焊锡从过孔流出：主要原因是过孔太大、引线过细、焊料过多、加热时间过长、焊接温过高过热。

5. 焊接的注意事项

一般是按照先小后大、先轻后重、先里后外、先低后高、先普通后特殊的顺序进行焊接，即先焊分立元件，后焊集成块，对外连线要最后焊接。

1）电烙铁一般应选内热式、20 ～ 35W、恒温 230℃的烙铁，但温度不要超过 300℃的为宜。接地线应保证接触良好。

2）焊接时间在保证润湿的前提下尽可能短，一般不超过 3s。

3）耐热性差的元器件应使用工具辅助散热。如微型开关、CMOS 集成电路，焊接前一定要处理好焊点，施焊时注意控制加热时间，焊接一定要快。还要适当采用辅助散热措施，以避免过热失效。

4）如果元件的引线镀金处理的，其引线没有被氧化可以直接焊接，不需要对元器件的引线进行处理。

5）焊接时不要用电烙铁头摩擦焊盘。

6）集成电路若不使用插座，直接焊到 PCB 上，则安全焊接顺序为：地端→输出端→电源端→输入端。

7）焊接时应防止邻近元器件、PCB 等受到过热影响，对热敏元器件要采取必要的散热措施。

8）焊接时绝缘材料不允许出现烫伤、烧焦、变形、裂痕等现象。

9）在焊料冷却和凝固前，被焊部位必须可靠固定，可采用散热措施以加快冷却。

10）焊接完毕，必须及时对板面进行彻底清洗，以便除去残留的焊剂、油污和灰尘等赃物。

无人机
调试基础

第4章

在完成无人机的机身结构、动力系统、通信系统和控制机系统的装配后，为了实现无人机的可靠运行和人机安全，必须要进行调试，但多旋翼、固定翼无人机和无人直升机的调试方法有较大差异，本章仅对它们的通用性、原理性和基础性的知识进行介绍，而具体机型的调试方法、步骤和参数等参考实践篇或产品说明书。

4.1 无人机的调试步骤

电动多旋翼无人机调试内容主要是软件部分的调试，包括飞行控制器调试、遥控器和接收机调试、动力系统调试等。其中，飞行控制器调试包括飞控固件的烧写、各种传感器校准和飞行控制器相关参数的设置等；遥控器和接收机调试包括对码操作、遥控模式设置、通道配置、接收机模式选择、模型选择和机型选择、舵机行程量设置、中立微调和微调步阶量设置、舵机相位设置，舵量显示操作、教练功能设置和可编混控设置等；动力系统调试主要是电调调参等内容。

固定翼无人机调试是指完成组装后，按设计要求对相关结构或部件进行调整，以满足基本的飞行要求。对于轻型及以下固定翼无人机，组装完成后，对其调试主要包括重心、安装角度、舵量和拉力线调试，动力系统调试，控制参数调试等内容。在首飞时还需要有经验的技术人员根据实际情况进行修正。根据固定翼无人机的型号、规格和特点的不同，调试方法也存在区别。

一、无桨调试

假设一款标有 2307S-2500kV 的直流无刷电动机，接在 12V 电源上，那么此时电动机的空载转速约为 30000r/min，这仅是电动机的转速，如果再装上桨叶，那么桨叶边缘的线速度将更高，所以非常危险。为了降低在调试时产生的危险，应先将不需要安装桨叶就能调试的内容调试完，再进行必须安装桨叶才能完成的调试内容。

无桨调试主要包括以下内容：

1）连接所有电路，接通电源，进行首次通电测试，检查飞行控制器、电调、电动机、舵机、接收机、数据传输、图像传输和摄像头等设备是否正常通电，检查有无出现短路或断路现象。

2）检查遥控器，进行对频及相关设置，确认遥控器发出的各个通道信号能准确地被接收机接收到并能传送给飞控。

3）将飞控连接到计算机，用调试软件（地面站）对飞控进行调试，如烧写固件、设置接收机模式、遥控器校准、电调校准、加速度计校准、陀螺仪校准、设置飞行保护措施、设置飞行模式、通道设置和解锁方式等。

4）接通电源，推动油门检查电动机的转向是否正确，如果不正确，则通过调换电动机任意两根电源线来更换转向。

确认以上内容都调试完毕并能通过遥控器解锁无人机，操作遥控器各个通道，观察无人机是否有相应的反应。固定翼无人机还可通过人为改变飞机姿态的方式查看舵面变化情况，如果不正确，则应检查舵机型号及安装是否相反。此时即完成了无人机的无桨调试。

二、有桨调试

无人机的首次飞行往往会出现各种意外。有桨调试时，无人机上已经装好螺旋桨，并会产生高速旋转，为确保操作人员和设备的安全，在飞行前要进行以下一系列的检查。

1. 多旋翼

1）根据电动机转向正确安装螺旋桨。

2）限制无人机。将无人机放在安全防护网内试飞，或通过捆绑的方式限制无人机。无人机第一次试飞可能会出现各种意外情况，通过防护网或捆绑可以有效保护人员和设备的安全。

3）飞行测试：通过飞行状态检验无人机是否正常。

① 先打开遥控器电源，再接通无人机电源，根据之前调试所设定的解锁方式进行解锁，解锁后油门保持最低、能使螺旋桨旋转的位置。

② 起飞检查。在推动油门时不要触摸其他摇杆。当无人机开始离地时，观察无人机的飞行趋势，然后操控遥控器以相反的方向使无人机能平稳地飞起来。如果一起飞就大幅度偏航或翻倒，立刻将油门拉到最低，将无人机上锁，再关掉无人机电源检查问题所在。通常是线路问题或遥控器通道反相问题。

③ 基本功能检查。当无人机飞起来后，依次缓慢操作其他摇杆（副翼、偏航、升降和飞行模式等），观察遥控器各通道正反相是否正确、各通道是否对应无人机的动作，检验飞行模式是否正确并能正常切换。

④ 飞行性能检查。检查起飞和降落是否平稳、四个基本动作（前进、左右、上下、旋转）角度是否正常、动作是否平稳、动作是否有振动、摇杆回中后无人机回中的响应情况是否及时。此类问题大部分通过地面站调试和PID参数调试解决。各种飞控地面站不相同，调试方法也不相同，但基本思路一致。

2. 固定翼

固定翼的飞行速度相对较快，测试时既不能像旋翼机一样被限制在特定的安全区域内，也没有条件效仿有人机的方式，搭建风洞实验室模拟飞行器周围气体的流动情况。因此，为了确保安全，在固定翼的有桨调试时一定要注意飞机机械结构、电路与控制系统、任务载荷与弹射系统三个方面的检查。具体注意事项见表4-1。

表 4-1　固定翼测试前检查项目

飞机机械结构	电路与控制系统	任务载荷与弹射系统
机身是否损伤	供电电池电压检查	摄像机电池电量及存储确认
机翼是否损伤	地面电台与天线安装	镜头焦距、光圈与快门速度
机翼的安装与紧固、线缆连接	地面站可靠性检查	摄像机试拍确认
空速管的安装固定及管路连接	地面站飞行参数设置	机载电台设备是否正常
尾翼是否损伤	航线文件检查、上传、复查	摄像机是否开机
尾翼的安装与紧固、线缆连接	驾驶仪工作状况、GPS 定位、电台连通	按风向确认起飞方向
舵面、舵机、摇臂、连杆、舵角的安装和紧固	空速与姿态传感状况	镜头盖摘下、摄像机待机
电动机的紧固	发射机电压及飞行器档案确认	
螺旋桨有无伤痕及紧固	RC 控制、舵机动作	
电调固定及电路连接	地面站上的系统状态检查确认	
起落架的完整性及安装	电动机工作及振动	
回收伞的叠放及伞绳位置	开关全开、舱门封闭	
伞舱舵机		
飞机重心		

4.2　无人机飞行控制器调试

4.2.1　飞行控制器与调试软件

国外以开源飞行控制器为主，常见的有：APM、PIX、MWC、MicroCopter、Pixhawk、OpenPilot、Crossbow MNAV+Stargate、PX4、Paparazzi、MWC、AutoQuad、KK、Paparazzi 等。闭源的有 Piccolo、MK、Unav 3500、Procerus Kestrel、MicroPilot 等。其中 APM 是使用人数最多，优化最完善，相关技术资料最全面的成熟飞控，但 APM 的 CPU 为 8 位，在基于 Arduino 平台的飞控发展一段时期后，采用 32 位 CPU 以及冗余电源＋传感器方案的 Pixhawk，得到越来越多的认可。开源飞控有通用性强，功能丰富的优点。但因其针对不同机型的调参过于复杂，技术门槛较高，给使用者带来了不小的难度。

国内的飞控以闭源居多，所谓的商品飞控指的是闭源飞控。国内目前有：大疆科技、零度智控、亿航科技等规模较大的飞控研发公司，主流型号有：AP101、NP100、WKM、A3、A2、PILOT UP（包括 UP-PF、UP30、UP40、UP 50、UPX）、IFLY40、QQ、FF、EAGLE N6 等。相比而言，闭源飞控有算法优化，调参简单，功能有所限制，价格较高，性价比低等特点。

调试软件是对飞控进行参数调整的软件，大部分飞控都有自己对应的调试软件，通常把装有调试软件的计算机端或移动设备端称为地面站，调试软件又可称为地面站软件。常用的飞控与对应的调试软件见表4-2。

表4-2 飞控与对应的调试软件

飞控	调试软件
APM、Pixhawk	Mission Planner
F3、F4飞控	CleanFlight、BetaFlight
NAZA	Zadig
MWC	Arduino
CC3D	OpenPilot GCS

4.2.2 PID调参

一、什么是PID

PID控制是一个在工业控制应用中常见的反馈回路控制算法，由比例单元P（Proportional）、积分单元I（Integral）和微分单元D（Derivative）组成。

PID控制的基础是比例控制；积分控制可以消除稳态误差，但可能会增加超调；微分控制可以加快大惯性系统响应速度以及减弱超调趋势。

二、PID调试步骤

APM飞控调参（手动），就是在Mission Planner（地面站软件）中配置PID参数来达到让飞行器飞行更平稳的目的。有如下口诀：

参数整定找最佳，从小到大顺序查

先是比例后积分，最后再把微分加

曲线振荡很频繁，比例度盘要调大

曲线漂浮绕大弯，比例度盘往小调

曲线偏离回复慢，积分时间往下降

曲线波动周期长，积分时间再加长

曲线振荡频率快，先把微分降下来

动差大来波动慢，微分时间应加长

理想曲线两个波，前高后低4:1

一看二调多分析，调节质量不会低。

在多数情况下，都认为图4-1所示的过渡过程是最好的，并把它作为衡量控制系统质量的依据。希望通过调整控制器参数得到这样的系统衰减振荡的过渡过程。

为何图 4-1 所示的过渡过程是最好的？原因是它第一次回到给定值的时间较快，以后虽然又偏离了，但偏离幅度不大，并且只有极少数的几次振荡就稳定下来。定量来看，第一个波峰 B 的高度是第二个波峰 B' 高度的四倍，所以这种曲线又称为 4:1 衰减曲线。在调节器工程整定时，以能得到 4:1 的衰减过渡过程为最好，这时的调节器参数可称为最佳参数。

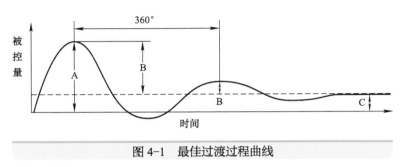

图 4-1　最佳过渡过程曲线

总结如下：

1）P 产生响应速度，P 过小响应慢，过大会产生振荡，P 是 I 和 D 的基础。

2）I 消除偏差、提高精度（在有系统误差和外力作用时），同时增加了响应速度。

3）D 抑制过冲和振荡，同时减慢了响应速度。

三、自动调参

自动调参是让飞控系统自动配置 PID 参数。首先让飞在一定的高度无人机自行重复数次向两个方向（横滚方向和俯仰方向）做偏摆动作，同时自行检测响应速度、自稳的力度和速度等，然后自行进行 PID 调参，直到一个比较好的状态。但是调试过程中会受各种外界因素的影响，有时调完后并不是一个理想状态，需要重复进行多次自动调参，通常经过几次调参后效果会比较理想。并不是所有的飞控都有自动调参功能，配置较低的飞控通常都不具备，下面以 APM 自动调参的功能为例介绍自动调参方法。

1）PID 自动调参需用一个通道 7 或通道 8 的 2 段开关，先检查下通道 7 或通道 8 是否正常。打开遥控器开关，进入基础菜单，选择"辅助通道"命令，这里选择的是某 2 段开关作为通道 7 开关。

2）接好 APM 的 USB 线，打开 Mission Planner 软件，单击 CONNCET。

3）选择主菜单"初始设置"→"必要硬件"→"遥控器校准"命令。拨动通道 7 开关，查看 Radio 7 的最高值是否大于 1800。如果不足，则要检查遥控器的通道开关是否设置错误或单击"校准遥控"按钮，重新把所有通道校正一遍。测试时候要记住通道 7 开关设置到哪里是最大值，这里是把二段开关放到最下面的时候是最大值，如图 4-2 所示。

4）选择主菜单"配置/调试"→"扩展调参"命令，把通道 7 选项改为 AutoTune，再单击"写入参数"按钮，如图 4-3 所示。

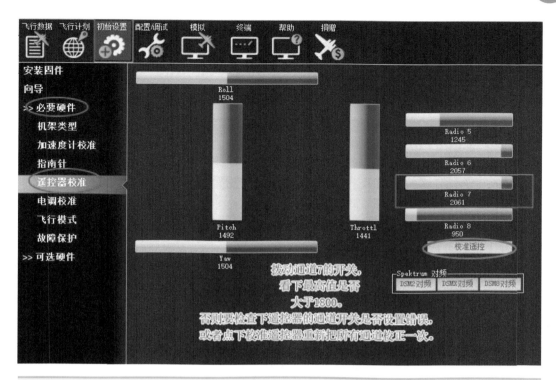

图4-2　查看自动调参开关通道设置

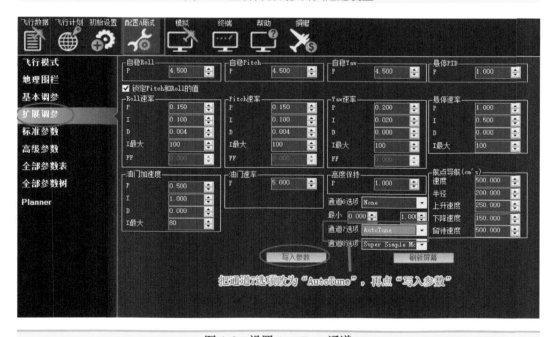

图4-3　设置 AutoTune 通道

5）自动调参前的准备工作。

① 确定飞行器飞行是正常的，是在一台稳定的飞行器上自动调参。

② APM 的飞行模式要有一个是定高模式，即保证在定高状态下飞行是正常的，能保

持基本的稳定。

③ 打开自动调参的日志，以方便调参后对结果进行检查。选择主菜单"配置/调试"的"标准参数"命令，搜索"Log bitmask"，一定要选中"IMU"复选框，再单击"写入参数"按钮，如图 4-4 所示。

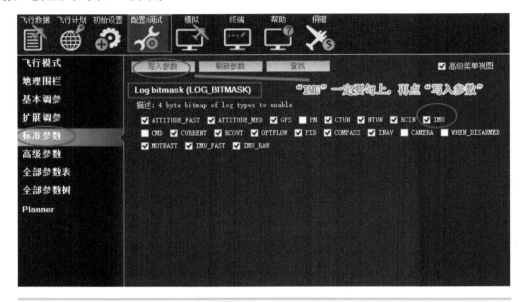

图 4-4　自动调参前的准备

④ 飞行器的悬臂刚性要好，不易发生变形，太软的悬臂自动调参失败概率较大。

⑤ 自动调参需要 5～7min，自动调参时电池要充满电，满足 10min 左右的飞行时间。

⑥ 记住自动调参前的数值，如自稳 Roll 中 P、自稳 Pitch 中 P、Roll 速率和 Pitch 速率的 PID，方便调参后对比，如图 4-5 所示。

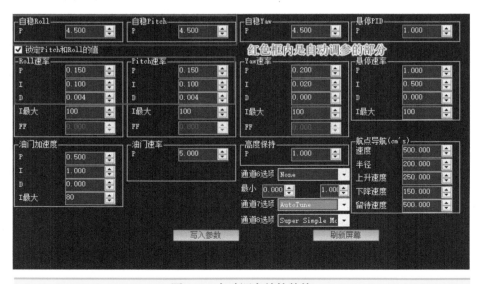

图 4-5　自动调参前的数值

⑦ 找一个开阔的地方进行自动调参，为了让数据更加真实，最好选择有微风的天气，风太大会吹着飞行器跑。

⑧ 自动调参前，再次检查螺旋桨、电动机、电池等所有设备是否安装稳固，跟调参无关的数传、LED 灯等不要开启。

6）开始自动调参。

① 把自动调参的第 7 通道开关置在低位上，切换到自稳飞行模式，按正常步骤对 APM 解锁，加油门起飞后，在 5～10m 的高度切换到定高飞行模式。

② 把自动调参的第 7 通道开关置在高位上，开始 APM 自动调参。飞行器会向左右前后方向摇摆。如果飞机飘得太远，可以用遥控器控制杆让它飞近点，回来时飞行器采用最初设置的 PID 参数，松开遥控器控制杆，自动调参会继续进行。如果中途要终止自动调参，将通道 7 开关置到低位。

③ 整个自动调参过程需要 5～7min，待飞行器稳定下来不再左右摇摆时，表示自动调参完成。拉低遥控器油门杆让飞行器降落后，立即对 APM 进行上锁（油门杆最低方向最左位置），自动调参后的数据就自动保存。如果不想保存这次的自动调参数据，将通道 7 开关置到最低位再立即上锁。

④ 保存自动调参数据后，把通道 7 开关置到最低位，解锁后用自稳飞行模式起飞，查看调整后的效果。

⑤ 对比自动调参后的数据，如图 4-6 所示。

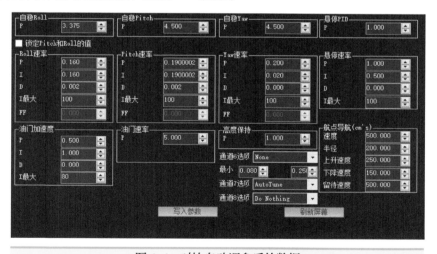

图 4-6　对比自动调参后的数据

7）选择主菜单"配置 / 调试"→"扩展调参"命令，把通道 7 选项改为 Do Nothing，再单击"写入参数"按钮。

8）自动调参的建议。

① 选择自动调参的场地要够大，在自动调参时飞行器飞远了拉回来后，就自动终止了调参。

② 自动调参时，如果发生炸机，要立即把自动调参开关打到低位，否则即便将油门拉到最低，电动机还在转动。

③ 如果把自动调参开关打到高位后，飞行器没反应，则可以将其打到低位后再打一次高位。

④ 要选择人少时进行，自动调参有一定的失控风险。

4.2.3　PixHawk飞行控制器和Mission Planner地面站安装调试

PixHawk 是著名飞控厂商 3DR 推出的新一代独立、开源、高效的飞行控制器，如图 4-7 所示，它不仅提供了丰富的外设模块和可靠的飞行体验，还可在其基础上进行二次开发。因其具有通用性，本节以 PixHawk 为例讲解飞控和地面站安装调试过程。

图 4-7　PixHawk 外观

一、PixHawk 飞控配置

1．硬件配置

（1）处理器

1）主处理器为 32 位处理器（主频为 168MHz）。

2）备用处理器为独立供电 32 位故障保护处理器。

（2）主要传感器

1）双 3 轴加速计。

2）磁力计（确认外部影响和罗盘指向）。

3）双陀螺仪（测量旋转速度）。

4）气压计（测高）。

5）内置罗盘。

2．接口定义

PixHawk 接口定义如图 4-8 ～图 4-10 所示。

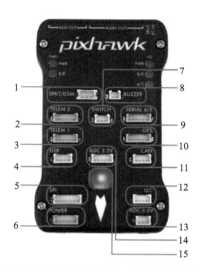

图 4-8　PixHawk 正面接口示意图

1—Spektrum DSM 接收机专用接口　2—遥测：屏幕显示 OSD（TELEM2）　3—遥测：数传（TELEM1）　4—USB
5—SPI 总线（串行外设接口）　6—电源模块（接供电检测模块）　7—安全开关　8—蜂鸣器　9—串口
10—GPS 模块　11—CAN 总线　12—I^2C 分路器或接指南针（罗盘）模块　13—模数转换器（ADC）6.6V
14—模数转换器（ADC）3.3V　15—LED 指示灯

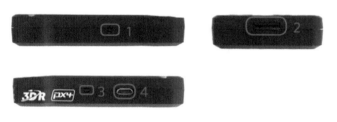

图 4-9　PixHawk 两侧与底部接口示意图

1—输入/输出重置按钮　2—SD 卡插槽　3—飞行管理重置按钮　4—Micro-USB 接口

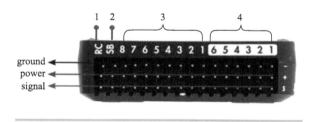

图 4-10　PixHawk 顶部接口示意图

1—接收机输入　2—S.BUS 输出　3—主输出　4—辅助输出

二、基本飞行概念

1. 机头指向和方向

以固定翼无人机与四轴飞行器为例，图 4-11 所示为无人机的载体坐标系。载体重心是坐标原点，载体前进方向为 x 轴正向，载体水平姿态时垂直向下为 z 轴正向，载体飞行方向指向右为 y 轴正向（x，y 和 z 轴满足右手定则）。

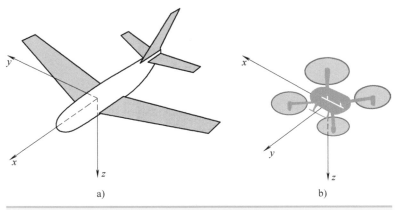

图 4-11 无人机的载体坐标系

无人机飞行方向示意图（俯视）如图 4-12 所示。

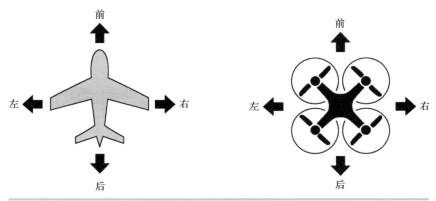

图 4-12 无人机的飞行方向

2. 多轴飞行器的飞行姿态角

1）Roll（横滚角）：以飞行前进方向为轴的左右角度变化，如图 4-13a 所示。

2）Pitch（倾斜角）：以飞行前进方向为轴的高低角度变化（抬头、低头），如图 4-13b 所示。

3）Yaw（航向角）：飞行器机头指向角度的改变，如图 4-13c 所示。

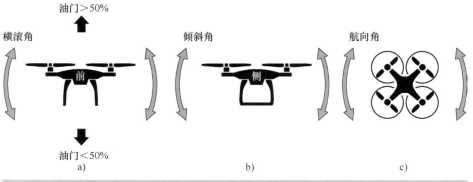

图 4-13 无人机的飞行姿态角

三、安装飞控驱动与地面站软件

安装 Pixhawk 驱动程序：右击"计算机"图标，在弹出的对话框中选择"设备管理器"选项，单击"端口"列表，出现 PX4 FMU（COM9）端口，如图 4-14 所示。

图 4-14　Pixhawk 驱动程序安装端口

安装地面站软件（Mission Planner，MP）本机安装版本为 v1.3.37。地图加载方法：选择"飞行计划"命令，在主界面右侧的地图下拉列表框中选择"必应混合地图"选项。

四、连接飞控与地面站软件

拔掉飞控上所有设备，只留蜂鸣器。使用 USB 线连接飞控和计算机的 USB 接口。进入飞行数据页面，在右上角串口号选择列表中的 PX4 FMU 串口号，本机是 COM9，波特率为 115200。注意不要单击右侧的"自动连接"按钮，如图 4-15 所示。

图 4-15　连接飞控与地面站软件端口选择

五、升级飞控固件

选择"初始设置"中的"安装固件"命令，如图 4-16 所示。

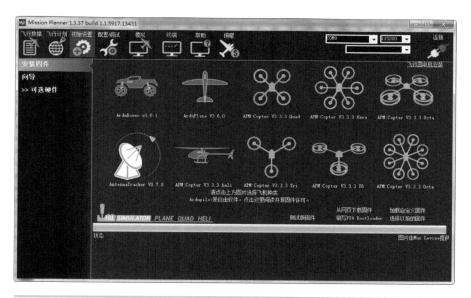

图 4-16　安装固件

1. 直接安装

选择飞机种类，下载最新固件，弹出是否继续的对话框，单击"是"按钮，等待安装完成，会出现短暂的音乐声，如图 4-17 所示。声音停止后单击"确定"按钮。此时如果是第一次刷 AC3.2 固件，则会提示需要进行罗盘重新校准。

图 4-17　下载最新固件

进入"飞行数据"页面，右上角选择 PX4 所在的 COM 端口（本机为 COM9）和 115200（波特率），单击右上角"连接"按钮即可连上飞控，获取飞控数据。

2. 安装下载的固件

通过单击地面站安装固件页面中的"下载固件"按钮，打开官方下载服务器，如图 4-18 所示。选择固件 Firmware 中的 APM Copter（多旋翼和传统直升机固件），如图 4-19 所示。其中，固件版本的含义如下：PX4 对应飞控，heli 表示直升机，hexa 表示 6 轴，octa 表示 8 轴，octa-quad 表示 4 个机壁，上下两层供 8 台发动机的 8 轴，quad 表示 4 轴，tri 表示 3 轴。

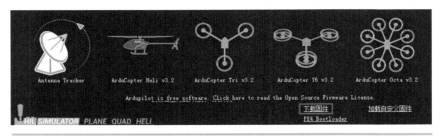

图 4-18　安装下载的固件的方法

Index of /Copter/stable

Name	Last modified	Size	Description
Parent Directory		-	
PX4-heli-hil/	2015-02-11 13:49	-	
PX4-heli/	2016-02-25 22:37	-	
PX4-hexa/	2016-02-25 10:13	-	
PX4-octa-quad/	2016-02-25 10:22	-	
PX4-octa/	2016-02-25 10:20	-	
PX4-quad-hil/	2015-02-11 13:49	-	
PX4-quad/	2016-02-24 14:27	-	
PX4-tri/	2016-02-25 10:26	-	
PX4-y6/	2016-02-25 10:28	-	

图 4-19　固件版本

单击 PX4-quad/ 选项进入下载页面（图 4-20）：选择 v2.px4 版本，右击，将链接另存到本机。

Name	Last modified	Size	Description
Parent Directory		-	
ArduCopter-v1.px4	2016-02-24 14:27	573K	
ArduCopter-v2.px4	2016-02-24 14:27	643K	
ArduCopter-v4.px4	2016-02-25 09:41	611K	
git-version.txt	2016-02-24 14:27	190	

图 4-20　下载固件

如果要加载自定义固件，在地面站进入"初始设置"页面，选择"加载自定义固件"命令弹出对话框，选择刚下载的固件文件，单击"确定"按钮即可。地面站切换到"飞行数据"页面，设置好端口与波特率后，单击右上角"连接"按钮即可看到飞控数据（高度、角度等）传回地面站并显示出来。此时，主 LED 灯黄灯闪烁，LED 灯红蓝闪烁表示自检。

六、校准

将 GPS 的两路输出（6pin 和 4pin）接上飞控对应的 GPS 口（6pin）和 I2C 口（4pin 罗盘），准备校准。打开地面站，USB 连接飞控，设置 COM 端口号和波特率，单击"连接"按钮，连接成功后进入"初始设置"页面，选择"必要硬件"命令，可以看到"机架设置""加速度计校准""罗盘""遥控器校准""飞行模式""失控保护"选项，下面将逐一校准上述选项。

1. 机架设置

选择"X"型，默认设置不动，如图 4-21 所示。

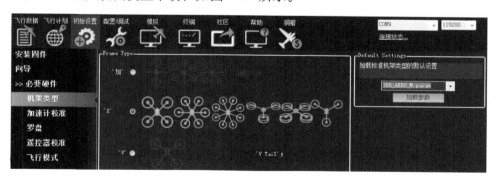

图 4-21　机架的选择

2. 加速度计校准

单击"必要硬件"命令中的"加速度计校准"选项，进入校准界面，按提示放置飞控，每一步完成后单击绿色的 Click When Done 按钮。

提示如下：

1）Place vehicle level and press any key：水平放置，然后单击按钮。

2）Place vehicle on its LEFT side and press any key：以箭头所指方向的左侧（无 USB 接口的一侧）为底，立起来放置，然后单击按钮。

3）Place vehicle on its RIGHT side and press any key：以箭头所指方向的右侧（有 USB 接口的一侧）为底，立起来放置，然后单击按钮。

4）Place vehicle nose DOWN and press any key：以箭头所指方向指向地面，立起来放置，然后单击按钮。

5）Place vehicle nose UP and press any key：以箭头所指方向指向天空，立起来放置，然后单击按钮。

6）校准成功后提示完成。

如果安装最新地面站后界面为中文，按提示完成校准操作即可，如图 4-22 所示。

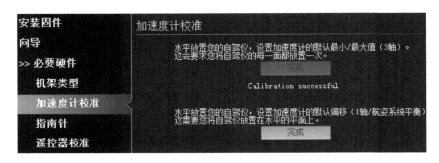

图 4-22　加速度计校准

3. 罗盘（指南针）校准

用捆扎带或皮筋将 GPS 天线与飞控固定好，如图 4-23 所示，确保二者正表面上箭头方向指向一致。注意一定要固定好，在后续的旋转过程中二者不能发生偏移。罗盘校准一般在装机前后各进行一次。安装时 GPS 和飞控无特殊位置关系，美观方便即可。

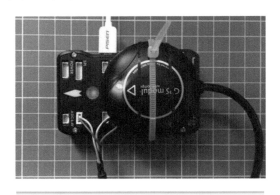

图 4-23　GPS 天线与飞控的固定

单击"必要硬件"中的"指南针（Compass）"选项，进行手动校准，指南针 1 和 2 使用默认设置，如图 4-24 所示。

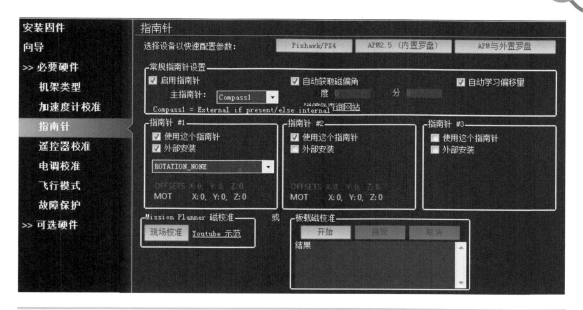

图 4-24 罗盘校准方法

单击"现场校准"按钮，弹出对话框提示：将飞控绕所有轴做圆周运动，单击 OK 按钮。用手拿着飞控和 GPS 固联体做各个方向的圆周旋转，让飞控采集修正数据，此时地面站显示如图 4-25 所示。不断旋转飞控指向，数据采集自动结束后弹出偏移量提示，因为 GPS 中有指南针，飞控中也有指南针，因此弹出两个偏移量提示，如图 4-26 所示，单击 OK 按钮即可。

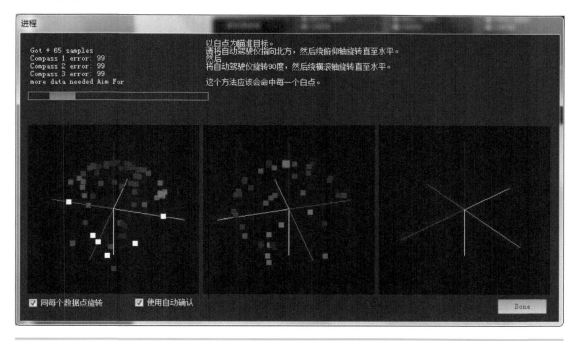

图 4-25 现场校准

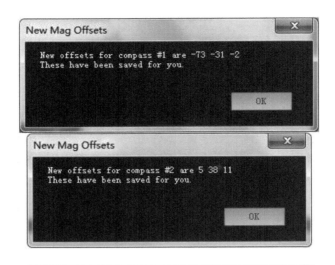

图 4-26 偏移量提示

4. 遥控器校准

GPS 校准后，断电后按照规范（飞控正面放置时引脚从上至下依次为：-、+、信号）的连接方法接上 R7008SB 接收机，连接飞控 RC 端口（本文使用 Futaba T14SG 标配接收机）进行遥控器校准，如图 4-27 所示。需要注意的是，接收机若接错，飞控有烧毁的可能性。

棕: GND
红: VCC
黄: 信号

图 4-27 接收机连接飞控 RC 端口的连接

（1）方向校准 打开遥控器，打开地面站，连接飞控，进入遥控器校准页面，如图 4-28 所示。需要注意的是，遥控器左右摇杆控制四个柱面，只有升降舵为反向。

1）油门：推到顶 / 降到底——正向为正确。

2）方向：左摇杆打到最左 / 左摇杆打到最右——正向为正确。

3）横滚：右摇杆打到最左侧 / 右摇杆打到最右侧——正向为正确。

4）升降：右摇杆推到顶 / 右摇杆打到底——反向为正确。

如果方向不正确，则需要在遥控器设置中将该通道设置为反向。

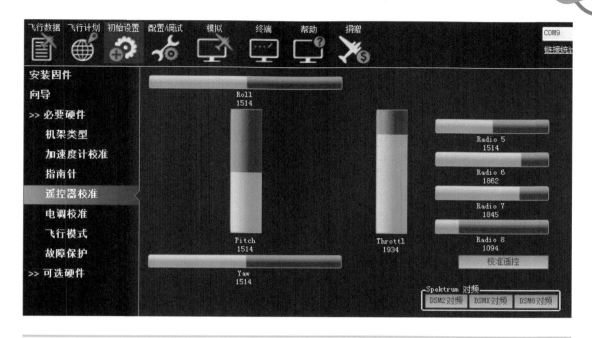

图 4-28　遥控器校准页面

（2）行程校准　所有摇杆均在 1094 ～ 1934 值之间变化，满足要求。

单击"校准"按钮，将遥控器左右摇杆重复打到最值，即左右摇杆在最大值上不停转圈，得到校准数据，如图 4-29 所示。操作完成后，弹出完成提示对话框，单击 OK 按钮后将弹出校准数据，如图 4-30 所示。

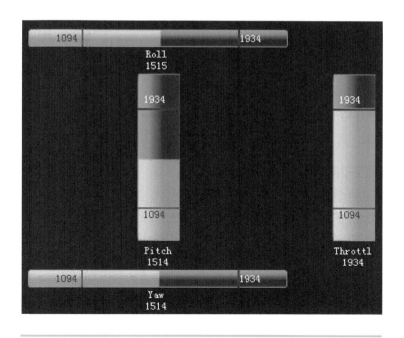

图 4-29　遥控器行程校准

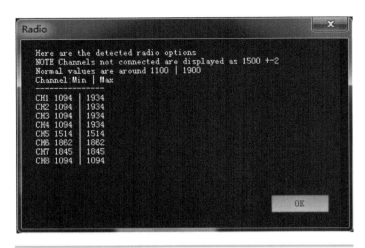

图 4-30 遥控器校准数据

5．飞行模式与故障保护

飞行模式设置非常重要。因为使用的飞控不一样会有不同的设置步骤，请参阅产品说明书。

PixHawk 有六个飞行模式可选，因此在飞控上选择一个 2 档开关和一个 3 档开关进行关联设置，组合得到六个不同档位，当 2 档开关处于第 1 档位时，3 档开关的 1/2/3 档，分别对应模式 1/3/5；当 2 档开关处于第 2 档位时，3 档开关的 1/2/3 档，分别对应模式 2/4/6。

根据自己需要设置飞行模式，以下是与 NAZA M v2 飞控的控制模式的类比：

1）PixHawk 定点模式 Loiter=NAZA GPS 姿态模式（GPS 定高、定点）用于飞行。

2）PixHawk 定高模式 AltHold=NAZA 姿态模式（高度稳定，位置不定，有风险）。

3）PixHawk 自稳模式 Stabilize：用于起飞和降落。

图 4-31 所示为初步设置的六个不同的模式，其中模式 6 建议要设置为 RTL，即"返航"模式。

图 4-31 飞行模式

七、连接 3DR 数传

1．安装USB转串口驱动

安装串口转 USB 的驱动程序 CP210x_VCP_windows.exe（自行下载或使用购买店家提供的）。驱动装好后，将天线接上数传，使用任意一台数传，用 Micro USB 接上数传和计算机，在设备管理器中如图 4-32 所示。

图 4-32 数传端口

2．连接数传与地面站

（1）连接一台数传　保持数传与计算机的连接，打开地面站。如果只想对数传参数进行操作、修改，此时不要单击右上角的"连接"按钮。

选择"初始设置"→"可选硬件"→"3DR 数传"命令，如图 4-33 所示。

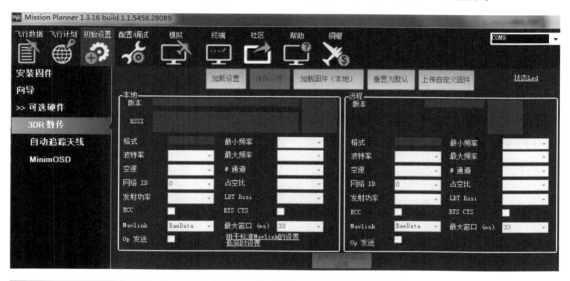

图 4-33　数传连接

设置端口号与波特率，端口为 5.1 中识别的 USB 转串口的端口（本机为 COM3），波特率为 57600，如图 4-34 所示。

图 4-34　设置端口号与波特率

单击"加载设置"按钮，地面站连接飞控，获取设置参数，如图 4-35 所示。

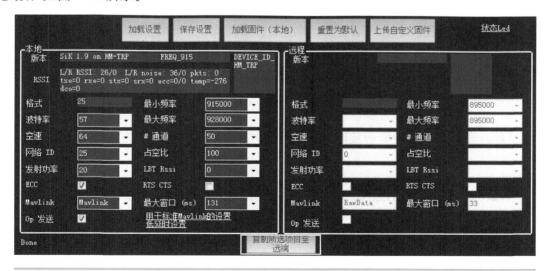

图 4-35　获取设置参数

需要注意的是，此时由于计算机只加载了一个数传，如果修改参数则另外一台（远端）参数将不会被修改，因此修改后两台数传会连不上。也就是说，当只连接一台数传时，不要修改参数，以免出现问题。

（2）连接两台数传　如果需要修改数传参数，必须同时连接两台数传，修改完一台的参数，通过"复制所选项至远端"按钮将修改的参数复制到另一台数传，否则会出错。

使用另一根 Micro USB 线将另一台数传连接上计算机，如图 4-36 所示。连接好后，再次单击"加载设置"按钮，等待连接后远程数传的参数出现，且与本地数传参数一致。如果要改本地参数，修改后单击"保存设置"按钮，一定要单击"复制所选项至远端"按钮（图 4-37），将两台数传参数同步一致，如图 4-37 所示。

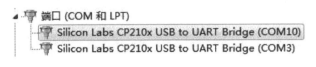

图 4-36　两台数传的端口

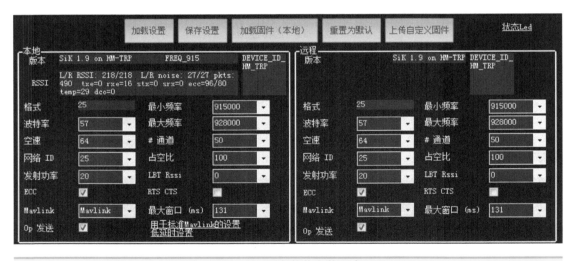

图 4-37　两台数传参数同步

至此，完成了 PixHawk 与地面站的连接、基本设置与调试。

4.3　无人机遥控器和遥控接收机调试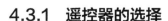

4.3.1　遥控器的选择

不同品牌的遥控器功能上大体相似，在选择遥控器时，一般考虑使用的频率，受摇杆电位器寿命限制，使用率不高的情况下一般建议中档遥控器，如天地飞（图 4-38）、乐迪、富斯；长期使用可以选择高档遥控器，如美国地平线（Spektrum）DX9、Futaba（图4-39）等。

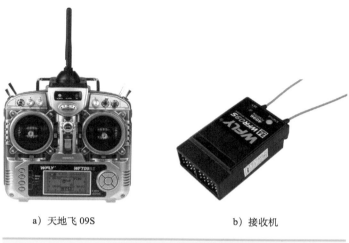

a）天地飞09S　　　　　　　　　b）接收机

图4-38　天地飞遥控器

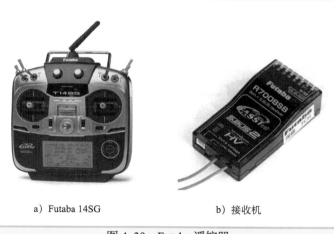

a）Futaba 14SG　　　　　　　　b）接收机

图4-39　Futaba遥控器

无人机遥控器四个通道对应的控制量分别为：

1）A：副翼（Aileron）。

2）E：升降（Elevator）。

3）T：油门通道（Throttle）。

4）R：方向舵（Rudder）。

另外，在选择无人机遥控器的时候，要特别注意美国手与日本手的区别，如图4-40所示。

日本手在操控固定翼无人机方面有明显的优势：在飞四边航线时，四个拐角处左右两手分别操控方向舵和副翼，动作更为细腻流畅。因此，对于固定翼无人机的初学者建议尽量选用日本手。

图 4-40   美国手与日本手

美国手的优点在于与载人机的飞行操控方式更相似,右手摇杆与载人机的操控杆一致,便于理解。另外,许多曾有过多旋翼飞行经验的学员早已习惯了美国手的操控方式,形成了肌肉记忆,无法更改。因此,针对这部分学员只能选用美国手的遥控器。

4.3.2   频段的选择

经常看到 433M、915M、1.2G、2.4G、5.8G,这些指的是信号的频段,一般认为频率越低、穿透性越好,即绕射或散射能力越强。频率越高,抗干扰能力越好。以 433M 和 5.8G 为例,很多人为了追求所谓的穿透力(绕射)而选择了 433M 频段的设备,这是个开放的频段,但有一个致命的缺点,那就是比较混乱。由于这个频段频率不是很高,成本较低,天线较小易小型化,方便携带和安装,因此成为业余无线电中最为拥挤的频段。工地、饭店、酒店等几乎都在使用这个频段,很多无线电爱好者免费架起大功率的中继台全天开机,供无线电友交流使用。5.8G 这个频段国家划分了开放的业余频段。另外,频率高天线可以更加小型化,目前在 5.8G 工作的设备很少,这个频段相对比较安静,干扰较少,但有利有弊,频率越高电子元器件的造价越高,对天线等精度要求更高,更容易发热,对靠近发射机的导磁体比低频更敏感,做大功率更困难等。

遥控器使用的频段通常为 2.4GHz,我国工业和信息化部在 2015 年 3 月发出通知,规划 840.5 ～ 845MHz、1430 ～ 1444MHz 和 2408 ～ 2440MHz 频段用于无人驾驶航空器系统。

1)840.5 ～ 845MHz 频段可用于无人驾驶航空器系统的上行遥控链路。其中,841 ～ 845MHz 也可采用时分方式用于无人驾驶航空器系统的上行遥控和下行遥测链路。

2)1430 ～ 1444MHz 频段可用于无人驾驶航空器系统下行遥测与信息传输链路,其中,1430 ～ 1438MHz 频段用于警用无人驾驶航空器和直升机视频传输,其他无人驾驶航空器使用 1438 ～ 1444MHz 频段。

3)2408 ～ 2440MHz 频段可作为无人驾驶航空器系统上行遥控、下行遥测与信息传输链路的备份频段。相关无线电台站在该频段工作时不得对其他合法无线电业务造成影响,也不能寻求无线电干扰保护。

4.3.3　接收机模式的选择

PWM、PPM、S.BUS、DSM2 接收机模式的选择是每个无人机从业者都曾遇到的问题。这里简单对比解释一下。PWM、PPM（又称 CPPM）、S.BUS、DSM2 都是接收机与其他设备通信的协议。注意这里不要和遥控器和接收机之间的协议混淆。遥控器和接收机之间会采用某种协议来互相沟通，这些协议往往各个厂牌各自有一套且互不兼容。但接收机输出的信号是有通行标准的，这里讨论的就是接收机输出的信号。

1. PWM

PWM 是 Pulse Width Modulation 的缩写，意思是脉宽调制，在航模中主要用于舵机的控制。这是一种古老而通用的工业信号，是最常见的控制信号。该信号主要原理是通过周期性跳变的高低电平组成方波，来进行连续数据的输出，如图 4-41 所示。而航模常用的 PWM 信号，其实只使用了它的一部分功能，就是只用到高电平的宽度来进行信号的通信，而固定了周期，并且忽略了占空比参数。

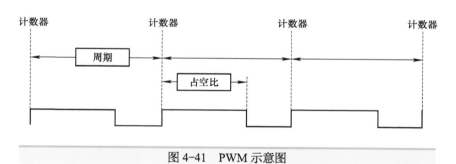

图 4-41　PWM 示意图

PWM 的优点很明显。由于传输过程全部使用满电压传输，非 0 即 1，很像数字信号，所以其拥有了数字信号的抗干扰能力。脉宽的调节是连续的，使得它能够传输模拟信号。PWM 信号的发生和采集都非常简单，现在的数字电路则使用计数的方法产生和采集 PWM 信号。信号值与电压无关，这在电压不恒定的条件下非常有用，如电池电压会随消耗而降低，AC/DC 都会存在纹波等，这些因素不会干扰信号的传输。PWM 因为处理简单，在航模圈至今仍然广泛用以驱动舵机和固定翼无人机的电调等。其相对于 PPM 等协议最大的不同在于，它的每条物理连线里只传输 1 路信号。换句话说，需要传输几个通道，就需要几组物理连线。

2. PPM（CPPM）

PPM 的全称是 Pulse Position Modulation。

因为 PWM 每路只能传输一路信号，在分别直接驱动不同设备的时候（如固定翼无人机，每路各自驱动不同的舵机和电调）没有问题，但在一些场合，我们并不需要直接驱动设备，而是需要先集中获取接收机的多个通道的值，再做其他用途时，如将两个遥控器之间连接起来的教练模式，要将接收机的信号传输给飞控时，每个通道一组物理连线的方式就显得非常烦琐和没有必要。

航模使用的 PWM 信号，高电平的持续时间在整根时间轴上所占的空间其实是很小的（假设高电平是信号），绝大部分的时间都是空白的。PPM 简单地将多个通道的数值一个接一个合并进入一个通道，用两个高电平之间的宽度来表示一个通道的值（见图 4-42 中的第一行）。

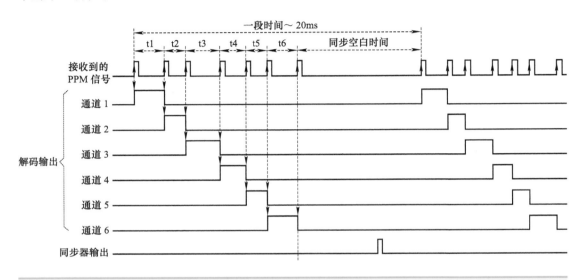

图 4-42　PPM 示意图

因为每一帧信号的尾部必须加入一个足够长的空白（显著超过一个正常 PWM 信号的宽度）来分隔前后两个信号，每一帧能传输的信号通道最多只能到 8 个。这在大部分的场合已经足够，如教练模式 / 模拟器 / 多轴等，且 PPM 是一个通行标准，绝大多数厂牌的遥控 / 接收都是支持的。

3. S.BUS（S-BUS/SBUS）

S.BUS 全称是 Serial Bus。S.BUS 是一个串行通信协议，最早由日本厂商 FUTABA 引入，随后 FrSky 的很多接收机也开始支持，S.BUS 是全数字化接口总线，数字化是指该协议使用现有数字通信接口作为通信的硬件协议，使用专用的软件协议，这使得该设备非常适合在单片机系统中使用，也就是适合与飞控连接。总线是指它可以连接多个设备，这些设备通过一个 Hub 与这个总线相连，得到各自的控制信息。

S.BUS 使用 RS232C 串口的硬件协议作为自己的硬件运行基础，使用 TTL 电平，即 3.3V；使用负逻辑，即低电平为"1"，高电平为"0"。波特率为 100000（100k）。注意：不兼容波特率 115200。

4. DSM2（DSMX）

DSM 是 Digital Spread Spectrum Modulation 的缩写。DSM 协议一共有三代：DSM、

DSM2、DSMX。国内最常见的是 DSM2，JR 的遥控器和 Spectrum 的遥控器都支持。该协议也是一种串行协议，但是比 S.BUS 更加通用，使用标准串口定义，所以市面上兼容接收机更加便宜，兼容的设备也更多。

5．选用方法

1）如果配置的是不加飞控的固定翼，那么就选择 PWM。

2）如果需要配置无线教练机或无线模拟器，那么一个支持 PPM 输出的接收机可以省去连线。

3）如果追求极限的穿越机表现，那也许能感受到 S.BUS 的低延迟带来的优势。当涉足功能丰富的正经航拍机，除了控制飞机，还要控制云台等一系列其他附加设备时，S.BUS 的多通道会带来很大便利。

具体的切换方法不同品牌的接收机各不相同，请参阅说明书。

4.3.4　接收机的调试

1．接收机天线安装

1）尽量保证天线笔直，否则会减小有效控制范围。

2）两根天线应保持 90°角（图 4-43）。

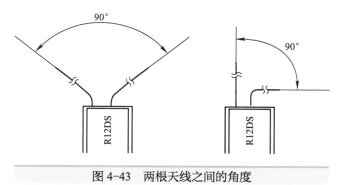

图 4-43　两根天线之间的角度

3）大型的无人机可能会存在影响信号发射的金属部件，在这种情况下，天线应处于模型的两侧。这样在任何飞行姿态下都能保持拥有最佳的信号状态。

4）天线应该尽可能远离金属导体和碳纤维，至少要有半英寸的距离，但不能过度弯曲，如图 4-44 所示。

5）尽可能保持天线远离马达、电子调速器（ESC）和其他可能的干扰源。在实际安装接收机的过程中，可以使用海绵或是泡沫材料将其绕起来用以防振。

6）接收机包含一些高精度的电子零部件，因此在使用时小心轻放，防止剧烈振动或处于高温环境中，为了更好地保护接收机，用 R/C 专用泡沫或橡胶布等防振材料将其缠绕。为了防止接收机受潮，最好是将其放到塑料袋中并把袋口封好，还可以防止燃料以及残渣进入机身。

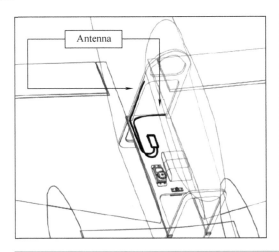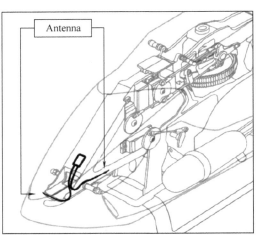

图 4-44　大型无人机天线安装

2. 对码

每个发射机都有独立的 ID 编码。开始使用设备前，接收机必须与发射机对码。对码完成后，ID 编码则储存在接收机内，且不需要再次对码，除非接收机再次与其他发射机配套使用。当购买新的接收机，必须要重新对码，否则接收机将无法正常使用。对码时将发射机和接收机放在一起，两者距离在 1m 以内。具体步骤因不同品牌有所不同，请参阅产品说明书。

天地飞、Futaba 的操作步骤一般如下：

1）接收机通电。注意电源正负极是否正确和电压是否在安全工作范围。

2）接收机长按 SET 键 3 ～ 4s，状态灯为橙色灯慢闪，进入对码状态。

3）遥控器开机，检查工作模式应为 PCMS（PPM 模式不能对码）。

4）遥控器进入对码菜单：通过 MENU →高级设置→对码→确定→接收机灯灭→对码成功。

乐迪的操作步骤如下：

1）将发射机和接收机放在一起，两者距离在 1m 以内。

2）打开发射机电源开关，R12DS 接收机将寻找与之最近的遥控器进行对码。这是R12DS 接收机的特色之一。

3）按下接收机侧面的（ID SET）开关 1s 以上，LED 灯闪烁，指示开始对码。

4）确认舵机可以根据发射机来操作。

4.3.5　模型的选择与机型选择

模型选择是指一个遥控器配对多个飞行器的接收机，但同一时间只允许控制一个飞行器（安全考虑），也就是一个接收机。为了方便操作，不用每次更换无人机时，都重新将接收机对码，所以需要将每个接收机保存为一种模型，当需要控制其他接收机时只需在模型里面进行选择即可。

机型选择是指每一个模式里面的机型，如固定翼、多旋翼、直升机等。

操作步骤一般如下：

1）设置：按住 MENU 键开机，进入"系统设置"模式，选择"机型参数选择"和"机型设置"选项，分别选择所有模型参数组中的一组参数和机型类型。

2）保存：选择方向键，确定选项后，按提示关机，直接保存。

4.3.6 中立微调

因各种原因会导致飞机的飞行出现偏差，因此必须进行中立微调，对舵机的中立位置进行精细的调整。调整范围为 −120 ～ +120（步阶），默认设置为 0，即没有中立微调。建议用户在开始设置中立微调之前，为确保其处舵机行程的范围将会限制在单一的方向。建议操作程序如下：

1）测量并记录预期舵面的位置。

2）将微调步阶量和中立微调都设置为 0。

3）将舵机臂和连杆连接起来，使舵面的中立位置尽可能准确。

4）在中立微调中选用较小的调整量调至精准位置。

4.3.7 油门怠速（只适用于固定翼机）

在下列情况下降低发动机的转速：停在跑道上（起飞待命状态），失速滚转和着陆。普通的转速设置为：稍高的速度易于启动，可降低飞行中灭车的风险以保证安全飞行。

控制开关可设置在任何开关位置，一些模型使用者偶然地将油门怠速和油门关闭设置在一个三档开关上，这种情况下发动机则不可能在普通模式下启动。油门怠速的默认设置为开关的中间档位和下档位，即使油门关闭设在开关的下档位时也可正常使用。将开关拨至上位则为普通飞行/起飞模式，中间为慢速飞行/着陆，下侧可关闭发动机。如果将油门怠速或油门关闭设置在教练功能开关，那么当使用教练功能时会出现油门失控或学生机无法操控的危险。

4.4 无人机动力系统调试

电动无人机动力系统由四个部分构成，即电池、电动机、电子调速器和螺旋桨。其选配过程是根据机身尺寸选择桨，再根据桨和电动机的搭配效率选择电动机，然后根据电动机最大电流选择电调，最后根据电调最大电流选择电池。其原则为：电池电压不能超过电子调速器的额定电压，电池最大电流应大于电调额定电流。电池电压不能超过电动机最大电压，电调最大电压不能超过电动机最大电压。

4.4.1 连接方式

连接方式如图 4-45 所示。

接收机：所用接收机必须是已经和遥控器对好频率。

接收机供电：5V（UBEC 处）接入到任意一个通道。注意通道的接口定义：PWM 信号线、VCC_5V、GND。

电池：注意电源正负极。

电调：信号线接到油门三通道，电源线接到电池或者发电机的正负极。注意识别信号线定义：PWM 信号线、VCC_5V、GND。

电动机：注意三相线的接法，改变其中任意两根，可以改变电动机转向。

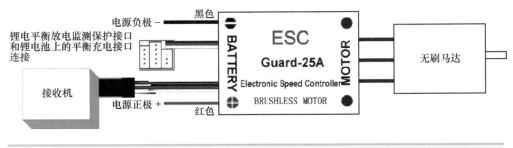

图 4-45　动力系统接线图

4.4.2 电调起动

在使用全新的无刷电子调速器之前，仔细检查各个连接是否正确、可靠（此时请勿连接电池）。经检查一切正常后，按以下顺序起动无刷电子调速器。

1）将遥控器油门摇杆推至最低位置，接通遥控器电源。

2）将电池组接上无刷电子调速器，调速器开始自检，约 2s 后电动机发出"哔——"长鸣音表示自检正常。然后电动机奏乐，表示一切准备就绪，等待推动油门起动电动机。

① 若无任何反应，请检查电池是否完好，电池连线是否可靠。

② 若上电后 2s 电动机发出"哔—哔—"的鸣音，5s 后又发出"567i2"特殊提示音，表示电调进入编程设定模式，这说明遥控器未设置好，油门通道反向，请参考遥控器说明书正确设置油门通道的正 / 反向。

③ 若上电后电动机发出"哔 - 哔 -、哔 - 哔 -、哔 - 哔 -"鸣音（间隔 1s），表示电池组电压过低或过高，请检查电池组电压。

3）正常情况下，电动机奏乐后，电动机会发出鸣音依次报出各个选项的设定值，可以在此过程中的任意时刻推动油门起动电动机，而不必等鸣音结束。

4）为了让电调适应遥控器油门行程，在首次使用本电调或更换其他遥控器使用时，均应重新设定油门行程，以获得最佳的油门线性。

4.4.3 保护功能

1．启动保护

当推油门启动后，如果在 2s 内未能正常启动电动机，电调将会关闭电动机，油门需再次置于最低点后，才可以重新启动。出现这种情况的原因可能有电调和电动机连线接触不良或有一条断开、螺旋桨被其他物体阻挡、减速齿卡死等。

2．温度保护

当电调工作温度超过 110℃ 时，电调会降低输出功率进行保护，但不会将输出功率全部关闭，最多只降到全功率的 40%，以保证电动机仍有动力，避免摔机。温度下降后，电调会逐渐恢复最大动力。

3．油门信号丢失保护

当检测到油门遥控信号丢失 1s 后，电调开始降低输出功率，如果信号始终无法恢复，则一直降到零输出（降功率过程为 2s）。如果在降功率的过程中油门遥控信号重新恢复，则立即恢复油门控制。这样做的好处是：在油门信号瞬间丢失的情况下（小于 1s），电调并不会进行断电保护；如果遥控信号确实长时间丢失，则进行保护，但不是立即关闭输出，而是有一个逐步降低输出功率的过程，给操控者留有一定的时间救机，兼顾安全性和实用性。

4．过负荷保护

当负载突然变得很大时，电调会切断动力或自动重新启动。出现负载急剧增大的原因通常是螺旋桨打到其他物体而堵死。

4.4.4 故障处理

电调常见故障及诊断方法见表 4-3。

表 4-3　电调常见故障及诊断方法

故障现象	可能原因	解决方法
上电后电动机无法起动，无任何声音	电源接头接触不良	重新插好接头或更换接头
上电后电动机无法起动，发出"哔 - 哔 -、哔 - 哔 -、哔 - 哔 -"警示音（每两声之间的间隔时间为 1s）	电池组电压不正常	检查电池组电压
上电后电动机无法起动，发出"哔 -、哔 -、哔 -"警示音（每声之间的间隔时间为 2s）	接收机油门通道无油门信号输出	检查发射机和接收机的配合是否正常，油门控制通道接线是否插紧
上电后电动机无法起动，发出"哔、哔、哔、哔、哔"急促单音	油门未归零或油门行程设置过小	将油门摇杆置于最低位置重新设置油门行程
上电后电动机无法起动，发出"哔 - 哔 -"提示音，然后发出"567 $\dot{1}\dot{2}$"特殊提示音	油门通道正 / 反向错误	参考遥控器说明书，调整油门通道的正 / 反向设置
电动机反转	电调输出线和电动机线的线序错误	将三根输出线中的任意两根对调

（续）

故障现象	可能原因	解决方法
电动机转动中途停转	油门信号丢失保护	检查遥控器和接收机的配合是否正常，检查油门通道接线是否接触良好
	电池电压不足，进入低压保护状态	重新给电池充满电
	接线接触不良	检查电池组插头是否正常、电调输出线和电动机线连接是否稳固可靠
随机性的重新启动和工作状态失常	使用环境中具有极强烈的电磁干扰	电调的正常功能会受到强烈电磁波的干扰，出现这种情况时请参照说明书的指示，尝试重新上电启动来恢复正常的工作状态；当故障反复出现时，说明使用环境中的电磁波干扰过于强烈，请在其他场所使用该产品

　　油动无人机动力系统包括：进气系统、增压器、点火系统、燃油系统、启动系统。调试过程请参阅实践篇固定翼无人机调试。

4.5 安全提醒

　　在调试过程中或完成后需要实飞测试，应当注意以下方面：

　　1）遥控器上务必设置"油门锁"。养成飞机上电时，确认油门是被锁住的好习惯。飞机跑道就位，临起飞时，再打开油门锁。飞机一落地立即把油门锁住，防止走动过程中误触碰油门摇杆，导致电动机转动伤人。

　　2）给飞机上电前，认真确认当前飞机与遥控器所选飞机相对应。

　　3）遥控器没有办法设置油门锁的，给飞机上电时，不要把遥控器挂在胸前或立着放在地上，防止误碰油门摇杆。

　　4）起飞前最好先试试各个舵面方向反应是否正确，新手不要飞带病（机身不正、舵机乱响等）的飞机。

　　5）给飞机上电时，确认电池电量是充足的，而不是刚刚用过的。

　　6）使用桨保护器的，要经常检查绑扎螺旋桨的皮筋是否老化，尤其是放置了一段时间没飞的飞机。

　　7）手拿飞机时，手握飞机的位置必须避开桨叶转动可以打到的地方。

　　8）拿到刚刚降落的飞机，即便是锁了油门锁，第一件事也是要立即断开电池与电调的连接。

　　9）没有起落架的尾推类飞机（飞翼等）尽量用高 KV 值的电动机和小桨，采用正确的姿势把飞机抛出，防止打到手（越小的飞翼，越容易打到手）。

　　10）新手在任何情况下，飞任何机型，都不要试图用手接住正在降落的飞机。

11）飞行时，一定要先开遥控器，再给飞机上电。防止因设置过失使保护电动机突然启动。

12）调试飞机的电子件（包括设置遥控器、电调）时，最好取下螺旋桨。如果实在不方便取下螺旋桨，一定注意不要让桨的前面和正侧面有人，以防电动机突然转动，致使飞机蹿出。

13）不要在人群上空飞飞机。也不能对着人、车，甚至猫、狗等动物降落。

14）无论如何也要让看飞行的人站在操控者的后面。操控者要选择背对阳光的方向飞行。尽量操控飞机不要飞到操控者的身后，更不能以操控者为圆心转圈飞。

15）尽量不要在飞场进行遥控器和接收机的对频。经常有人把接收机对到别人遥控器上，发生电动机突然启动的状况。

总之，安全无小事。请务必增强安全意识，养成安全飞行的好习惯。

实践篇

多旋翼无人机的组装与调试

项目 ①

任务1 多旋翼无人机的组装

无人机组装的基本任务是将硬件按照需求合理地安装好，并根据硬件配置与使用要求安装合适的软件。在组装过程中，每完成一道工序都要做仔细的质量检查；待全部组装工作完成后，要对整机做严格的质量检查和运行调试。所有的质量检查和调试情况都要及时记录下来。

任务准备

无人机的组装工作与无人机的使用质量和飞行安全保障有紧密的关系，因为组装过程中每项工作的准备、实施和检查调试结果都会对整机的使用产生直接或间接影响，而组装前的准备工作尤为重要，它将对组装后续工作的进展起到指导性的作用。

1. 制定组装方案

制订组装方案是组装工作的第一步，先要拟订符合个人要求的配件清单，见表5-1。然后，根据配件清单检查组装所需的零部件是否齐全，还要检查相关的产品说明书、图样、产品合格证及保修单是否齐全。检查过程中发现的问题要记录下来，并及时解决。如果发现缺少零部件，要立即补充。购买零部件时尽量找信誉好、有实力的知名公司购买，以确保售后服务有保障。

表5-1　配件清单

名称	品牌	型号	单位	数量	单价/元	总价/元	备注
机架							
电动机							
电调							
电池							
桨叶							
飞控板							
遥控器							
遥控接收机							
⋮							

2. 准备组装工具和辅助设备

正式开展组装工作前，还需要将组装工作所需的工具和辅助设备清单列表，见表5-2，以保障组装工作的顺利进行。

表5-2　工具和辅助设备清单

名称	品牌	型号	单位	数量	摆放位置	备注
螺钉旋具						
电烙铁、焊锡						
热缩管						
尖嘴钳						
剥线钳						
万用表						
热风枪						
⋮						

3．组装准备工作的注意事项

1）要仔细阅读组装用零部件的用户使用手册、使用或安装说明书及图样，详细了解和熟悉其品牌、型号、规格、性能、特性以及安装注意事项等。

2）按要求摆放好组装工具和零部件，以保证组装流程简捷、顺畅，组装节拍协调，组装方法可靠、方便且有效。

3）要优先保证关键或重要零部件，如电动机、电调、桨片、飞控板、传感器、遥控器和遥控接收机等零部件的精度和产品质量，进而确保整机质量。

4）组装使用的工具和设备，其精度应满足组装精度需要，质量稳定可靠。

5）组装过程中一定要注意正确的安装方法，不可粗暴或强行安装，因为稍微用力过度就可能造成零部件变形或损坏。对于安装位置不到位的零部件，不要强行使用螺钉或螺栓定位。

6）对于要用多个螺钉或螺栓固定的组件，要经过"带上螺栓、轻拧紧、初拧紧和终拧紧"四个步骤，且须依次对称拧紧对角线上的两个螺钉或螺栓，以保证固定牢靠。

7）组装过程中对所有的零部件应轻拿轻放，避免手指碰到卡板上的集成电路组。

8）要建立组装质量记录单，把组装过程全程准确地记录到组装质量记录单中。

任务实施

一、自制机架

机架是多旋翼无人机的基础平台，相当于人体的骨骼，机架决定了无人机的主体结构，电动机、电调和飞控板等设备都要安装在机架上。机架的主要作用如下：

1）提供安装接口，包括安装和固定电动机、电调、飞控板的螺纹孔。

2）提供稳定和坚固的平台，保证无人机飞行过程中整体稳定，电动机转动过程中不会毁坏其他设备，并为传感器提供一个稳定的平台。

3）提供保护装置，如起落架等缓冲装备，为无人机提供安全的起飞和降落条件。

1．自制轻型四旋翼无人机的机架

轻型四旋翼无人机的机架一般比较大，可以自制的部分比较多。例如，用废弃的硬盘盒、玻璃钢、铝片等，使用手钻可自制，中心板、4个悬臂、电动机固定座以及起落架等部分。

中心板是机架的核心，用于固定4个悬臂，其上有安装孔用于安装飞控板。中心板有两层，悬臂通过中心板上的紧固螺栓固定到两层中心板的中间，悬臂的顶端有电动机座固定螺纹孔和起落架固定螺纹孔。在购买电动机的时候会附送电动机座，通过螺钉将电动机固定到电动机座上，然后用螺钉将电动机座固定到4个悬臂上。

2．用KT板自制机架

自制机架所用的材料有多种，KT板是常见的自制机架材料。KT板是一种聚苯乙烯发泡板材，板体挺括、轻盈、不易变质、易于加工，并可直接在板上进行丝网印刷、涂漆

（需要检测油漆适应性）及喷绘，广泛应用于广告展示、建筑装饰、文化艺术及包装等领域。KT板的生产工艺可分为冷复合与热复合，对应的板称为冷板和热板。冷板板面平整，板材整体硬度高，因此在航模制作中常用冷板。

在固定翼航模运动中，用KT板材料制造的飞机屡见不鲜。这一方面是因为飞机本身低速、重量轻、过载小的特点，另一方面是由于KT板本身的强度基本符合飞行要求。在面积大、受载荷作用强的KT板上需要用一到两根直径为3～6mm的玻璃纤维杆或碳纤维杆做加强，这样的组合使KT板的强度和重量有了最佳的配比和平衡。

四旋翼无人机在飞行过程中不会像固定翼航模那样有较高的速度、较大的过载。但由于结构的特殊性，四旋翼无人机自身的重量比固定翼航模稍重，在使用KT板材料做主体的同时，使用玻璃纤维杆来加强，理论上能承受住飞行时电动机的拉力、飞机自身的重力等。因此，使用这种KT板加玻璃纤维杆的组合来替代普通机架是可行的。

使用KT板材料自制机架主体时，需要经过机架设计与机架制作两个步骤。

（1）机架设计　参照市场上销售的普通机架，在AutoCAD软件中画出适合用KT板自制机架的零件设计图。其中，每个悬臂采用KT板，做成三层，中间用两根直径为5mm的玻璃纤维杆加强。中心板采用轻木板，做成上下两层，使用热熔胶和尼龙扎带连接悬臂，形成不可拆卸式。然后将图样送至模型店加工，为了制作精确，使用激光切割机加工，制出KT板四旋翼无人机所需零件。

（2）机架制作　KT板与KT板之间、KT板与玻璃纤维杆之间、KT板与中心板之间主要使用热熔胶粘接，以保证强度符合要求。两层中心板之间夹入玻璃纤维杆，用尼龙扎带扎紧，用热熔胶固定。

用KT板自制的机架承载较小，仅适合小载重、低过载的四旋翼无人机，不适合大中型机。

二、机架的组装

机身主体的安装

现以某公司的F450机架为例，介绍机架的组装步骤。

F450机架目前在市面上较为流行。进行组装之前，先要仔细阅读该产品说明书。由于F450机架结构简单，说明书上只展示了组装结构图，根据其内容，就能够掌握F450机架的组装方法。若要使用原厂电调，还需要将4只电调焊接在机身下板上。F450机架的规格参数如下：

1）对称电动机轴距：450mm。

2）机架重量：282g。

3）起飞载重：800～1200g。

1. F450机架的组装过程

单独安装机架时比较简单，但要注意托架比较脆弱，安装时不要损坏托架。机架的安装步骤如下：

1）先将 4 个悬臂与 1 个托架固定。托架需要在悬臂之上，安装时只需要将托架的 4 个孔对准悬臂的 4 个孔，然后拧紧螺钉。

2）电池托架的安装。安装电池托架时应该先将安装好的机架翻过来，让悬臂的"脚"朝上。固定电池托架的螺钉共有 8 个，每个悬臂上需要 2 个螺钉来固定电池托架。安装时将电池托架平放在机架上，并将电池托架上对应的螺纹孔与机架对齐，分别将 4 个悬臂的螺钉安装并固定好后完成安装。

2. 机架组装完成后需要考虑的问题

1）飞控板的安装位置，以飞控板为中心考虑其他部件的安装（同时考虑飞控板的朝向）。

2）电调的安装位置和电调电源线和信号线的走线方式。

3）电动机的安装位置。此时要注意机架上固定电动机的螺纹孔及螺钉是否符合规定，同时还要注意电动机安装桨叶后，两桨叶是否会有交叉。

4）其他设备的安装。例如，安装接收器或 GPS 时需要考虑是否有安装这些部件的位置，应既不影响原走线方式，也不妨碍桨叶的旋转，同时不受其他部件的电磁干扰。

三、整体组装

1. 整体组装前的准备

（1）整体电路接线要求

脚架的安装

1）4 个电调的正负极需要并联（红色线连一起，黑色线连一起），并接到电池的相应正负极上。

2）电调 3 根黑色的电动机控制线要连接电动机。

3）电调有个 BEC（免电池电路）输出，用于输出 5V 的电压，给飞控板供电，并接收飞行控制的信号。

4）遥控接收器连接在自动驾驶仪上，输出遥控信号，并同时从飞控板上得到 5V 电压。

（2）线路的焊接

1）香蕉插头的焊接。现在普遍使用香蕉插头作为连接电动机和电调的插头。电动机线、电调线分别焊接香蕉插头时，都需要使用电烙铁、焊锡、香蕉插头。电烙铁的功率要在 60W 以上，焊锡质量要优良、中间带助焊剂。在焊接时需要将香蕉插头立起来，在没有专用工具时可以使用尖嘴钳代替。然后将电调线或电动机线与各自的香蕉插头端焊接起来。

焊接完成并检验焊接牢固后，需要套上热缩管。热缩管是一种在高温下会缩小的空心管，一般用于包裹线路的接口部分。使用热风枪给热缩管加热，使其收缩包紧线路的接口，起到绝缘作用。

2）电调之间的焊接。电池连接电调尽量不要使用香蕉插头，以消除接触不良的隐患。连接多个电调和电池时，使用 F450 机架的可以通过电池托架连接。使用其他机架安装的四旋翼无人机，则可以通过它们特有的连接方式来连接。对连接方式的要求如下：

① 区分正负极：规定红色线为正极，黑色线为负极或接地线。

② 焊接：4个电调的正负极需要分别焊接在一起（红色线焊接在一起，黑色线焊接在一起），焊接部分由绝缘胶布包裹，以防发生漏电或短路。电调的正负极分别连接到电池的正负极上。

③ T形头焊接：电池与电调之间采用T形头焊接。焊接时要根据电池T形头的正负极（红色线为正极，黑色线为负极）来区分正负极。

2. 整体组装步骤

（1）安装电动机和电池　安装电动机时，将电动机固定在悬臂上。注意将电动机固定牢固。

电动机的安装

电动机与机臂的整体安装

电池是为四旋翼无人机提供能源的部件，在安装时注意不能让其短路，也不能将其安装在容易受到冲击的部分。为了保证电池的散热，不要将电池封闭起来，具体注意事项如下：

1）固定电池时，需要检查电池是否牢固固定，为以后的测试和飞行做好第一次检查。

2）要使用一条固定用的绳子（最好是带状）将电池牢固固定。

3）校正电动机座的水平度，测量每个电动机臂与中心板的轴距一致性。可使用数字角度仪测量每个电动机座与中心板的角度，确保其完全水平。没有数字角度仪可采用气泡水平计，但测量精度略差。以上校正是为了消除低效的动力输出和电动机自身角度误差带来的额外能量消耗。

电调与机臂的安装

（2）安装电调　将电动机和电池固定好以后，接着要安装电调，此时注意不要将电池短路。电调与飞控板的连接是有顺序的，这样飞控板才能识别出电调控制的电动机是哪台电动机，才可以给出正确的判断。安装时还需要注意线路的走线方式。通常新电调到手后，要根据说明书复位电调，然后将低压保护设置为最低电压，关闭电调制动装置，进行定速。设置完毕后在未安装螺旋桨的情况下，再次确认每台电动机的转向是否与飞控板说明书中对应的多旋翼无人机电动机转向一致。如飞控板调参软件提供测试电动机功能，则应逐个测试电动机轴位是否正确，是否与转向相符。

（3）安装飞控板　飞控板的正面方向决定了飞行器的前行方向，一般飞控板都有一个指示箭头指向飞控板的正前方，因此安装飞控板时要特别注意飞控板正面方向。同时，除了飞控板的正面，还要知道自己向飞控板中烧录的程序是什么。安装前需要将配件都整理好，包括飞控板、飞控板托架、六棱柱及与之匹配的螺钉，将4个六棱柱固定在飞控板托架的4个孔中，将飞控板放置好，拧紧螺钉。

1）飞控板与电调线路的连接：使4台电动机分别对应飞控板上的4组针脚。连接时需要将对应电动机的电调的信号线连接到对应针脚上。同一电调的信号线也需要按顺序连接针脚，飞控板针脚上有三个标记，分别为"S""+"和"GND"，表示信号、电源正极和接地。其与电调线的颜色对应关系是"S"对应白色线；"+"对应红色线；"GND"对应黑色线。每一个电调都要按这个顺序连接。

2）飞控板与遥控接收机的连接：在连接飞控板与遥控接收机时，需要仔细查看说明书，了解应该如何连接遥控接收机的针脚。例如，在 KT 飞控板中只有 4 组针脚，分别对应着 AIL（副翼）、ELE（升降舵）、THR（油门）和 RUD（方向舵），必须对应连接在遥控接收机上。

（4）失控返航设置　失控触发通道的接线尤其注意要牢靠，市面上出售的飞控板触发失控返航以单通道触发居多，但也有采用多通道的。要在未安装螺旋桨的情况下正确设置和验证失控返航功能，例如 DJI Wookong-M 无人机需要将油门通道设置为 15% 以上、另一通道设置为特定舵量触发。设置后可通过调参软件在地面上验证设置和关闭遥控器确认效果。

（5）排除磁性物体　市面上出售的飞控板大多都采用了 GPS+ 地磁罗盘数据的融合方式来提高飞控定点稳定度。由于地磁罗盘易受干扰，因此在安装多旋翼无人机时，务必认真检查天线、安装盖等是否有磁性，有磁性的部件需要移除，以避免干扰飞控板的正常工作。

任务 2　多旋翼无人机的调试

任务准备

参考本项目任务 1 中的相关内容。

任务实施

四旋翼无人机的调试工作按阶段划分，可分为有桨调试和无桨调试两类，顾名思义，无桨调试是指不带桨叶的调试方式。采取这种调试方式虽然不能排除所有的问题，但是可以发现存在的大部分问题，主要优点是在开展调试工作的初期，能避免因桨叶旋转而带来的可能危险。

一、无桨调试

1．连接线路检查调试

（1）飞控板与电调连接线路　检查飞控板针脚上的 3 个标记是否与电调线的颜色对应。除了线序，还要区分电调的顺序，检查电调连接的电动机是否连接到对应的飞控板的电调针脚上。

加速度计和指南针的调试

（2）飞控板与遥控接收机连接线路　遥控接收机不需要额外电源，其电源由飞控板提供，要检查遥控接收机的通道。遥控接收机的通道是 6 通道，应检查其对应方式是否正确。

确认所有连接线路准确无误后，在通电之前，先测试工作电压，检查插头方向，然后接通电源（连接电池）进行首次通电测试，检查飞控板、电调和电动机是否可以正常通电。

2．飞行控制器调试

以 PixHawk 飞行控制器为例，其调试步骤详见 4.2.3。

3．遥控器检查调试

电子调速器的校准

遥控器检查的内容主要是通电后是否可以接通、发出信号。不同产品的遥控器与遥控接收机的匹配操作是不同的，这里以天地飞 WFT06X-A 遥控器为例。

遥控器的校准

（1）遥控器对码

1）接通电源后，按住遥控接收机（型号为 WFR6S 2.4GHz）上的 SET 键，直至 STATUS（状态）进入慢闪状态。

2）按住遥控器上的 SET 键（按住 SET 键不松手，将电源开关拨动至开机处），开机然后松开 SET 键。

3）再次按下 SET 键，进入对码功能。这时，遥控器上橙色灯 STATUS（状态）常亮。

4）长按 SET 键，至橙色灯慢闪，进入对码状态。

5）等待对码成功。对码成功时遥控器绿灯常亮，遥控接收机指示灯熄灭。对码成功后切断四旋翼无人机和遥控器的电源。

飞行模式设置

（2）检查电动机工作是否正常

1）遥控器和遥控接收机对码成功后，接通四旋翼无人机电源，再打开遥控器电源，等待遥控器与遥控接收机连接。切记不可推动遥控器摇杆。

2）遥控器与遥控接收机连接成功后，开始解锁飞控板（解锁后，推动飞控板油门即可使电动机转动）。遥控器有日本手和美国手之分，两者解锁方式不同，解锁后飞控板上的灯会常亮。

3）检验电动机旋转方向。经过以上两步后可以推动飞控板油门，推到一定程度时电动机开始转动。油门推得越大，电动机转速越高。判断电动机旋转方向的方法：准备一张纸条（宽 1～2cm、长 5～8cm），拿这张纸条的一端，使纸条另一端接触转动的电动机，通过查看纸条弯向哪一端来判断电动机的转动方向。如果电动机方向选择得不正确，可以切断电源，然后交换电动机的任意两根线即可。

4）遥控器中点校准。将飞控板 PITCH 电位计逆时针方向旋转到底，遥控器上的微调全部回零，打开发射机电源，接通飞控板电源，则飞控板上的 LED 灯会闪烁数下。稍等 2s，又闪动一下，将飞控板断电，PITCH 电位计调回默认位置。

5）校准油门行程。将 YAW 电位计逆时针方向旋转到底，遥控器油门调到最大（遥控器不能断电）。接通飞控板电源，在 LED 灯快速闪烁几下、电动机发出"嘀嘀"两声后，快速把油门拉到最低，电调发出数下短音，然后发出一声长音，校准完成。此时推动油门，4 台电动机会同时起动。然后断开飞控板电源和遥控器电源，YAW 电位计调回默认位置。

在逐个给电调加电校正油门行程的情况下，有可能会出现其中某台或多台电动机起动微调级别时发生起动不一致的情况，需要重新校准油门行程，直到所有电动机能够同步起动和停止。

6）遥控器油门微调。向下按油门微调按钮（微调值不宜过大，否则电动机无法提供足够的动力），然后接通飞控板电源，打开遥控器开关，等待遥控器与遥控接收机连接。遥控器与遥控接收机连接成功后，将油门置为最低，再缓慢推动油门，电动机就会慢慢开始转动。调整完毕后需要将飞控板再次锁定。

二、有桨调试

在进行四旋翼无人机有桨调试时，首先要保证人身安全，其次要保证器械不会受到过度的损伤。必须按照调试说明书的要求，遵照一定的安全步骤进行调试。调试步骤如下：

（1）遥控器校准　遥控器校准主要是微调零点校准和油门行程校准。

（2）螺旋桨平衡调试　在安装螺旋桨之前，必须对桨叶进行静平衡和动平衡的调试检查，目的是减小振动。螺旋桨静平衡是指螺旋桨重心与轴线重合时的平衡状态；螺旋桨动平衡是指螺旋桨重心与其惯性中心重合时的平衡状态。桨叶出现不平衡的情况时，可以通过给质量轻的桨叶贴透明胶带，或用砂纸打磨偏重的螺旋桨平面（非边缘）来实现平衡。

（3）安装螺旋桨　对于不同的电动机和桨叶，其安装方法有所不同，要按说明书的要求安装桨叶。

（4）系留试飞　第一次调试飞行时，为防止出现四旋翼无人机到处乱飞的现象，需要用一根绳子系住四旋翼无人机，限定其飞行范围。

（5）测试飞行

1）接通电源、连接遥控器：在确认一切正常后，就可以接通电源，然后打开遥控器开关，等待遥控器与遥控接收机连接。

2）解锁飞控板：解锁后，油门要保持最低。

3）缓慢推动飞控板油门，不要移动其他摇杆，注意观察四旋翼无人机的起飞状态。如果出现较大的偏斜，马上拉下油门，避免出现意外，并且锁定飞控板、断开电源，然后检查问题所在。排除问题后重新开始测试。

4）检查飞行方向控制情况：测试油门控制无误后，即可开始测试遥控器在其他通道的使用情况。来回轻微地移动摇杆测试四旋翼无人机是否可以按照指令完成相应的飞行。若不能完成相应的飞行，则需要缓慢拉下飞控板油门，让四旋翼无人机平稳着陆，然后锁定飞控板，断开电源，解决发现的问题。这一步骤需要反复实验多次，以尽可能多地发现问题并解决问题。

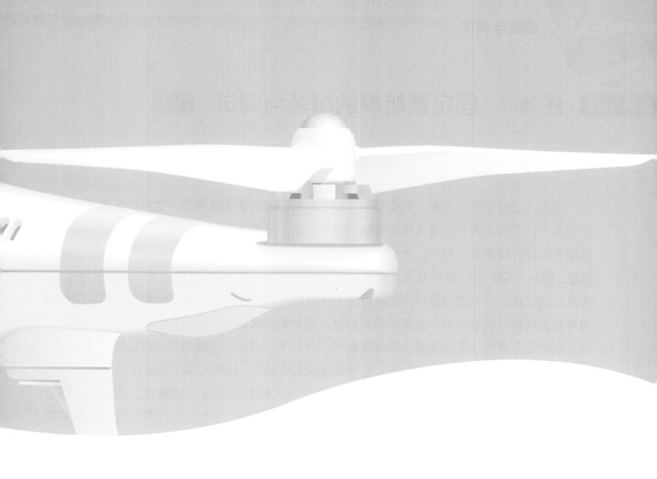

固定翼航模及无人机的组装与调试

项目 2

任务 1　固定翼航模的组装与调试

任务导入

为何始于航模

追溯人类航空发展历程，航空模型（简称航模）发挥着重要作用，世界各国著名的飞机设计师中，不少人在少年时代从事过航空模型活动。如美国著名飞机设计师凯利·约翰逊和苏联飞机设计师雅克夫列夫，他们对飞机设计做出了重要的贡献，在少年时都曾热衷于航模活动：凯利·约翰逊 12 岁时就立志要当一名飞机设计师，青少年时代他做了几百架模型飞机，不断总结改进，为自己的设计师生涯奠定了良好的基础；雅克夫列夫自幼热爱飞机，中学时曾在模型滑翔机的设计制作方面非常有心得。还有如首次制造出实用直升机的西科尔斯基、设计出中途不着陆、不加油进行环球飞行的"环球飞行者号"的美国设计师伯特·鲁坦等，设计制造航模的经历都曾在他们的人生中有过重大的影响，这样的例子不胜枚举。

在 20 世纪后半叶，由航空模型发展而来的无人机成为战场上的新秀。近代无人机始于专门挨打的"靶机"。早期使用航模来代替飞机牵引的"拖靶"，供高射炮手练习瞄准或实弹射击。初期的靶机常是螺旋桨推进，就是一架典型的航模。20 世纪 50 年代，由于地对空导弹发展的需要，出现了喷气式靶机。

如果说初期的无人机实际上就是一架航模，那么经过几十年的发展，后来出现的经专门设计的无人机除了在"无人驾驶"这一点上与航模仍具有共同点之外，在技术规模方面已经超过了通常概念上的航模，其结构、动力和设备的复杂程度已经从模型演变成一类特殊的航空器。由于航模所使用的技术在小型与简便方面与无人机仍有诸多相似之处，因此无人机是最能够直接采用航模技术的实际机种。我国研制无人机的队伍中，有不少原来从事航模活动很有成效的人员，他们在航模活动中的体会常常可以直接应用到无人机上。

所以，不要忽视航模技术，航模技术可作为无人机乃至飞机发展的重要技术基础，因为航模技术是一项系统工程，是一种科学方法。航模技术从基础开始综合锤炼人们的实际工程能力，为无人机的设计制造提供了最经济也是最循序渐进的工程路线。

本项目在介绍固定翼无人机组装调试时以航模作为基础，因为无人机始于航模，一些无人机就是用航模加上飞控系统和导航系统来实现的。

任务准备

一、图样的准备

本任务从无翼型的板机开始，以一个成熟的飞机机型为蓝本，简化设计为一个无翼型的航模板机，三维图样经过了很多改进，如尾翼舵机前移，能保证机身轻量化，同时保证飞机重心合理，减小翼载荷，提高低速性能，加大舵面，提升机动性等。其立体结构和爆炸图如图 6-1 所示，工程图如图 6-2 所示。

设计时可根据具体情况调整尺寸，如根据材料厚度调整结合处的尺寸，根据动力大小调整翼展和机身长度等。本设计图样以 5mm 的 KT 板为制作材料，动力源是 2204 电动机。

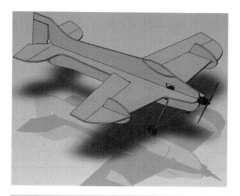 

图 6-1　立体结构和爆炸图

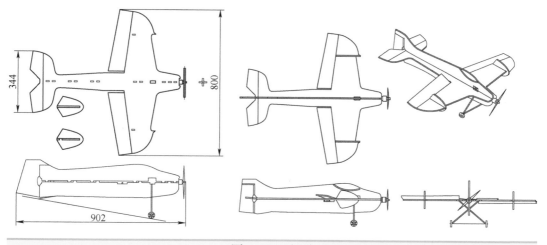

图 6-2　工程图

二、材料、配件及工具的准备

1．材料及配件

一个航模的制作可用不同的材料来完成，要在满足产品性能的基础上考虑成本的问题，推荐使用一套较为适用的配置，见表 6-1，读者可根据自身实际情况进行调整。此次练习的作品应该成为读者练习飞行技术的教练机，所以并不推荐使用较为贵重的材料。

表 6-1　固定翼航模制作组装材料和配件清单

序号	名称	型号	单位	数量	备注
1	电动机	朗宇 X22041480 kV	台	1	
2	螺旋桨	8060	个	1	
3	电调	10A（或 12A）2—3S	个	1	
4	电池	3S400mA·h	个	1	
5	舵机	9g	个	1	用于副翼
6	舵机	5g	个	2	

（续）

序号	名称	型号	单位	数量	备注
7	遥控接收机	4通道（或以上）	个	1	匹配遥控器
8	香蕉插头	2mm	对	3	
9	插头	XT30（或JST）	对	1	电池电调匹配
10	热缩管	2mm		若干	
11	舵脚		个	4	
12	拉杆	1mm		若干	
13	碳管	3mm×1mm×1000mm	根	2	
14	KT板	1.2m×2.4m	张	1	
15	热熔胶	7mm	根	若干	
16	电动机座		个	1	匹配电动机
17	扎带		根	1	固定电池
18	焊锡			若干	

2. 组装工具及设备

工欲善其事，必先利其器。在进行制作组装之前，要准备好所需的设备及工具，作为制作组装顺利进行的保障，具体工具和设备清单见表6-2。

表6-2　固定翼航模制作组装工具和设备清单

序号	名称	型号	单位	数量	备注
1	螺钉旋具		套	1	
2	电烙铁		把	1	
3	尖嘴钳		把	1	
4	剥线钳		把	1	
5	焊台		个	1	
6	热熔胶枪	7mm	把	1	
7	Z字钳		把	1	
8	斜口钳		把	1	
9	扩孔器		把	1	
10	手电钻		把	1	
11	电热刀		把	1	
12	刻刀		套	1	
13	激光切割机		台	1	非必需设备
14	壁纸刀		把	1	
15	砂纸板		块	1	

任务实施

一、机体制作组装

1. 零部件制作

制作航模主要需要制作的是机身部分，其他配件基本都是采购。机身采用KT板制作，成本低、刚度较好、加工难度小，比较适合入门级。机身可以采用激光切割机加工，如图6-3所示，其优点是速度快、精度高，只要有工程图，导入即可加工。若不具备设备条件，也可以用手工切割，用壁纸刀进行加工，只是速度较慢，对操作者技术要求较高，但对操作者动手能力的提升有较大帮助。

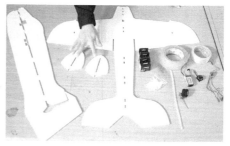

图 6-3 激光切割机加工以及成品

2. 机体组装

（1）舵面连接处的修整　舵面和机身之间属于简易的连接，没有转轴，需要修整舵面与机身的连接部分，要修整出双斜面或者单个斜面，保证舵面能够沿连接处翻转，才能控制飞机的姿态。舵面连接处的修整包括副翼、升降舵、方向舵的修整，可用砂纸板加工（图6-4），或用壁纸刀切削（图6-5），修整角度为45°左右（图6-6），要求达到连接处光洁整齐。

图 6-4　用砂纸板加工　　　　　　　　图 6-5　用壁纸刀切削

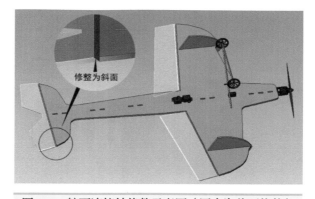

图 6-6　舵面连接处修整示意图（图中为单面修整）

（2）舵面连接　经过修整之后，将舵面与机身进行连接，包括副翼、方向舵和升降舵的连接，要求连接整齐、精确，舵面翻转自如。舵面与机身间隙要合适，间隙大则影响舵面翻转的精确性，间隙小影响舵面翻转的顺畅性，一般可用透明胶或者胶带连接，既可保证连接强度，也能保证舵面翻转自如，如图6-7所示。

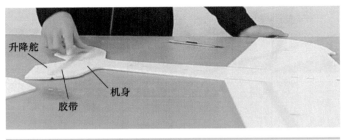

图6-7 舵面连接

（3）机体组装 做好以上准备工作之后，将机身的各个部分组装起来，要求连接牢固、精确，机身与机翼之间要保证垂直，如图6-8所示。为了保证各个部件的安装精确性，可采用简单的工装夹具，如图6-9所示。在用热熔胶粘接的过程中，在保证能够粘牢的情况下要打胶量尽量少，以保证机身重量尽可能轻，从而保证飞机的推重比和机动性。

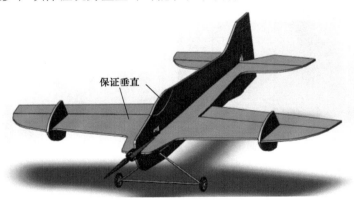

图6-8 机身与机翼之间要保证垂直

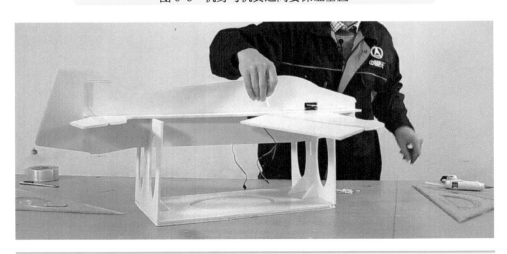

图6-9 航模组装采用的简易工装夹具

二、电子设备的连接

1. 舵机回中

舵机在安装之前需要进行舵机回中。舵机回中操作可采用舵机调试板（或称为回中仪），如图 6-10 所示，也可以连接遥控接收机，通电之后直接通过遥控器进行回中操作。

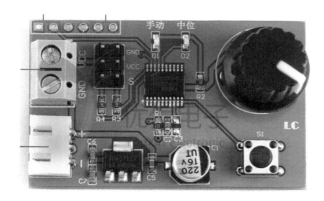

图 6-10　舵机调试板

2. 电子设备连接

（1）动力系统的组成　动力系统由动力电池、电调、电动机组成。动力电池通过电调为电动机供电，电调的作用是将动力电池的直流电转换为交流电，为电动机供电，并能进行输出电压的控制，从而控制电动机的转速。动力系统的组成如图 6-11 所示。

（2）控制系统的组成　控制系统的组成如图 6-12 所示，分为信号发射、信号接收、动作执行和供电四部分。信号发射由遥控器完成，遥控器供电采用自带电池（简称控电）供电，机载供电由动力电池提供，通过电调转换为适合遥控接收机和舵机工作的电压。具体的控制过程如下：由遥控器将操作者的控制动作转换为无线电信号发射出去，遥控接收机接收到信号并进行转换处理，从而控制电调的电压输出和舵机的舵量输出。电调的电压输出改变电动机转速，从而控制飞机推力，舵机的舵量输出通过拉杆控制飞机舵面的偏转，从而控制飞机的姿态。

（3）航模动力与控制系统的连接　航模动力与控制系统的连接示意图如图 6-13 所示，具体在这个航模上的连接布置示意图如图 6-14 所示，这里仅是连接示意，具体布置要根据航模的具体情况，保证连接可靠、飞行阻力小以及飞机重心位置准确等。

另外，发动机与机身的连接要保证牢固、准确。所谓牢固是要保证飞机在高速飞行和剧烈机动状态下，发动机不会松动甚至脱落；所谓准确，包括位置和角度的准确，本机属于特技机，要保证拉力线和阻力线共线，不设置下拉角和右拉角。

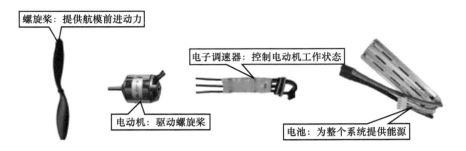

图 6-11　动力系统的组成

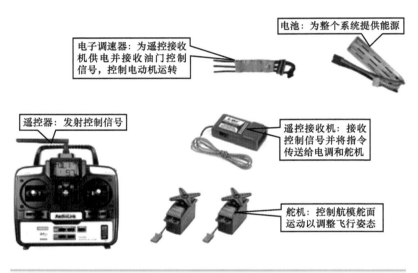

图 6-12　控制系统的组成

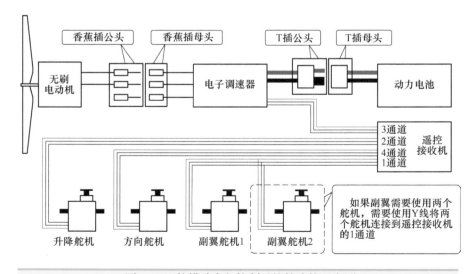

图 6-13　航模动力与控制系统的连接示意图

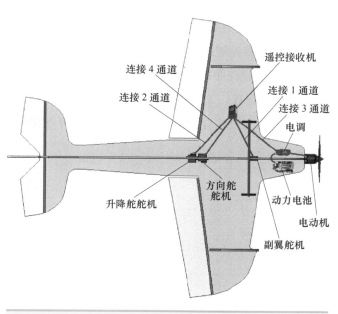

图 6-14　具体连接布置示意图

3．舵机与舵面的连接

舵面是控制飞机飞行姿态的主要机构，对于本机，舵面是控制飞机的唯一机构。如何控制舵面，需要靠控制系统的末端执行机构来完成，所以舵机与舵面的连接至关重要，稍有问题就会导致舵机的动作不能准确反映到舵面上，导致飞行控制失准。

（1）舵脚与舵面的连接　舵脚与舵面的连接要保证牢固和准确。牢固这里不再赘述。准确是要保证舵脚孔在舵面上的正投影要通过舵面的转轴，这样才能保证舵面偏转角度对称，否则就会出现偏转角度不对称的现象，影响飞机飞行姿态的控制精度。图 6-15 所示为舵脚的安装要求，图 6-16 所示为本机舵脚的安装效果。

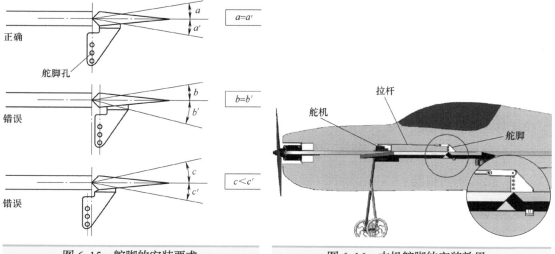

图 6-15　舵脚的安装要求　　　　图 6-16　本机舵脚的安装效果

（2）舵机摇臂、拉杆与舵脚的连接　舵机摇臂的安装要保证舵机回中状态时，摇臂与拉杆处于垂直状态，这样才能保证舵机的运动能准确传递到舵面上，如图 6-17 所示。特殊情况下若舵机摇臂与拉杆不能在回中状态下保持垂直，也要尽量接近 90°，如本机的副翼舵机由一个舵机驱动两个副翼，无法保证舵机摇臂与拉杆在回中状态下保持垂直，方法是尽量加大舵机安装位置与副翼之间的距离，使摇臂与拉杆尽量接近 90°，如图 6-18 所示。

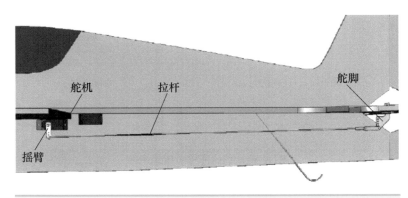

图 6-17　舵机摇臂、拉杆和舵脚的连接关系

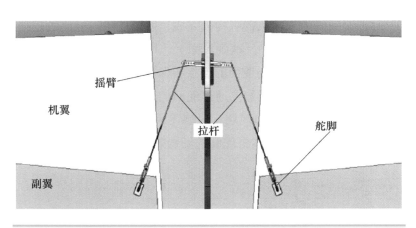

图 6-18　一个舵机控制两个副翼的连接关系

按照如上要求，用拉杆连接好副翼、升降舵以及方向舵和与之对应的舵机，同时要保证拉杆具备足够的刚度，而且舵面偏转要没有明显间隙。否则，在飞行中舵机的动作就不能及时准确地反映到舵面上，就会引起反应迟钝、振荡甚至失控。

4. 起落架的组装

起落架采用后三点式起落架，主起落架在重心之前，保证安装后飞机停放姿态为抬头姿态，角度约等于最大升力迎角，方向舵不触地。起落架材料采用碳管，机轮采用泡沫轮（采购）。起落架结构如图 6-19 所示。

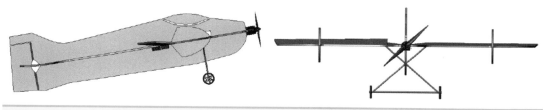

图 6-19　起落架结构示意图

5. 加强措施

航模需要有足够的刚度和强度，才能保证在高速飞行或剧烈机动时不至于变形超差甚至解体，所以需要采取适当的加强措施。这里介绍两种较为常用的方法：一种是在机翼、尾翼等位置增加碳管或者碳片以提高其刚度和强度，如图 6-20 所示；另一种是通过在机身上做拉线处理（需要用刚性较好的线，拉伸不易变形），以三角形的稳定性原理来增加机身的刚度和强度，如图 6-21 所示。

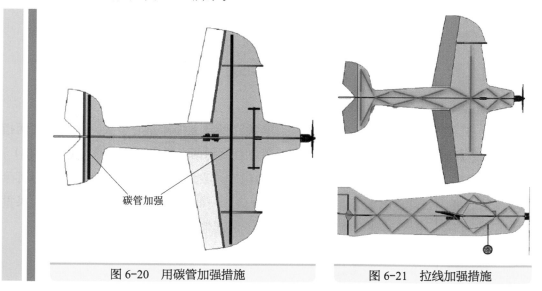

碳管加强

图 6-20　用碳管加强措施　　　　图 6-21　拉线加强措施

三、调试与试飞

1. 地面检查

航模试飞前的检查非常重要。不论是自己亲手制作的模型还是工厂生产的模型，都要按照装配说明和检查步骤对各部件进行认真细致的检查和校正，以达到设计图样或产品组装说明书的要求，具体检查内容包括以下几个方面：

1）机翼、机身和尾翼相互位置的检查。航模组装好以后，从正上方俯视并从后向前分别检查主要部件相互位置、角度和尺寸是否正确，如图 6-22 所示。注意：本机的上反角为 0°、发动机拉角为 0°。

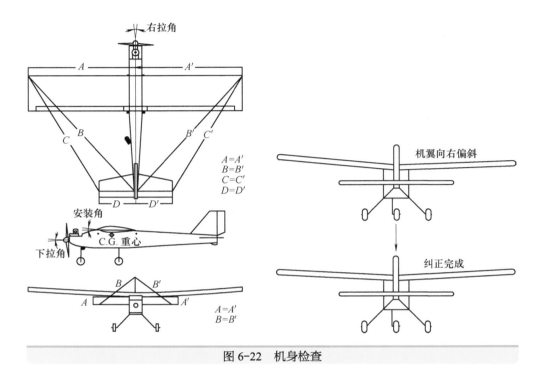

图 6-22　机身检查

2）保证重心位置准确、机翼两侧平衡。

① 重心位置关系到航模的安定性，一般在设计图样上标有重心位置。测量时用两指托住机翼下方翼梁处并前后移动（对于本机，可以直接用两个手指轻捏机身，见图 6-23），当机身呈水平时，手指处就是重心位置。做好标记后，测量其距机翼前缘距离，然后再除以平均翼弦长度，就可算出重心在翼弦上的百分数，一般练习机为 25% ～ 30%。如果重心位置不对，可通过前后移动电池或接收设备的方法调整。

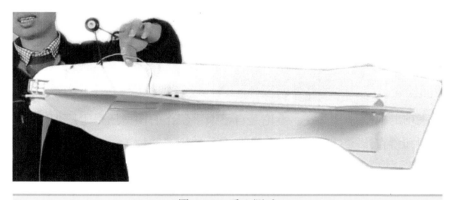

图 6-23　重心测试

② 机翼的平衡检查：如果机翼两侧重量不平衡，会造成航模偏航。可用一只手持螺

旋桨轴，机身尾部则放在箱子上，观察哪侧机翼下沉，下沉那侧机翼偏重，如图 6-24 所示。纠正的办法是通过调整电池或者遥控接收机的位置来解决。如果不行，可在机翼重量轻的一端翼尖处增加配重，不过这样会增加飞机重量。

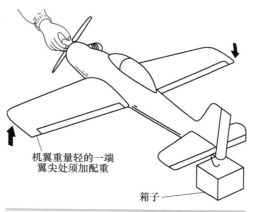

机翼重量轻的一端翼尖处须加配重

箱子

图 6-24　机翼两侧平衡测试

3）发动机拉力线的检查。

一般航模的发动机安装时要有向右和向下倾斜的角度，即右拉角和下拉角。右拉角是为了克服右螺旋桨的反作用力和滑流对尾翼的作用导致航模的偏航。右拉角一般为 1.5°～2°。而下拉角是为了使拉力线通过阻力中心或重心，当发动机转速变化、功率增加时，不会产生抬头力矩。上单翼航模阻力中心较高，因此下拉角也大，一般为 2°～5°；下单翼航模下拉角小，一般为 0°～2°。

相应地，设计发动机机架时都有向右和向下倾斜的角度。按图样安装发动机，一般不会有太大偏差，并可通过螺旋桨两个桨尖连线与机身中心线夹角来测量。试飞中做直线飞行若发现右拉角和下拉角偏大或偏小，返航后要松开发动机紧固螺钉，纠正拉力线。本机的拉角接近 0°。

4）起落架机轮的检查：用手指捏住垂直尾翼，向前推模型，其在地面上滑行时呈直线且不偏斜即可。如果偏斜，就需要纠正机轮和起落架，否则会影响起飞和着陆。

5）舵面操纵机构和舵面偏转的舵角检查。

① 各舵面操纵连杆必须具有一定的刚性，以保证在舵面受力时连杆不会弯曲，否则会造成舵量不够。

② 舵机、连杆、连杆两端的钢丝接头，舵面上的摇臂、夹头，都应固定牢靠、不松动。

③ 舵面动作的角度应符合图样设计要求，偏大或偏小都会影响操纵性，偏大会使操纵反应过快，偏小则会使操纵反应迟钝。舵面摇臂连接连杆的孔应与舵面接缝成一直线。舵机摇臂中立位置不能偏斜，否则会出现差动，导致舵面偏转的动作量不一致，影响控制性。可通过改变连杆钢丝弯头在舵机转盘（或摇臂）上插孔的位置来调整舵面，插孔离舵机转盘轴越远，舵面动作角度越大；反之就越小。也可通过连杆连接舵面一端的舵脚孔（也称为舵面摇臂）的位置来调整，孔越靠近舵面，舵面动作角度就越大；反之就越小，如图 6-25 所示。

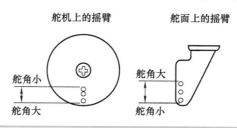

图 6-25　舵机摇臂和舵脚的孔位连接及与舵角大小的关系

④ 舵面动作要灵活，操纵连杆不能有与其他部件相互干扰、甚至卡死的现象。

⑤ 舵面动作方向的检查更为重要，不可忽略。动一动遥控设备的操纵杆，看看舵面动作的方向是否与操纵杆动作方向相对应。如果不认真检查，就有可能造成操纵左舵变成了右舵、拉杆成了推杆、左副翼成了右副翼，经过辛苦制作或组装的模型上天后在一瞬间因反舵而坠毁。

6）遥控设备的检查。遥控距离一般在 1000m 范围内，在外场要先做拉距测试，遥控接收机和舵机应能正常动作，不出现跳舵，即可放飞。同时要检查遥控器的电量，保证飞行安全。

2. 试飞

（1）飞前检查和准备

1）上电操作步骤及注意事项。

① 遥控器上电，将油门归零，油门锁关闭，并将遥控器平放于地面，不能立放，更不能挂在身上进行其他操作，以免误碰油门杆而引发危险。

② 航模上电，注意检查电池电压，不仅检查总电压，还要认真查看每一个电池的电压。机头不要对着人，螺旋桨的旋转平面内也不能有人，由操作者本人或者助手固定航模，整个上电过程中人的任何部位都不可以接近螺旋桨的旋转范围。

③ 上电后，将航模放在跑道上并固定（调试中应避免航模失控），操作者拿起遥控器（注意拿遥控器的姿势，拇指按在油门杆上，保证油门置零）测试动力，如果油门空行程过大，则需进行校准。

2）油门行程校准。

① 使航模处于断电状态。

② 遥控器上电，并将油门杆推至最大。

③ 航模上电（安全事故如上），听见"嘀嘀"两声，迅速将油门杆回零，确认航模继续"嘀嘀嘀——嘀"，则校准完毕（校准声响会因电子设备品牌不同而有所区别，应查看设备说明书）。

3）航模舵面调整，遥控参数设置。检查各个舵面的舵量和方向，进行相应的设置，避免起飞后因反舵而失控坠机。

（2）试飞

1）试车、动力测试。做好航模飞前检查和准备，自己（或助手）固定好航模，严格执行安全规程，注意事项见上一步骤，起动发动机，测试动力是否满足试飞要求。

2）试飞。

① 起落航线试飞。测试航模的常规性能，通过试飞检查航模的常规飞行性能和起降性能。

② 特技飞行试飞。起落航线试飞降落后，检查航模各个部分的情况以及电池电压，再重新起飞，试飞特技动作，测试航模的机动性能和机身刚度等。

任务2 固定翼无人机的组装与调试

任务导入

任务1是本任务的基础，本任务中涉及与任务1相同的细节不再赘述。本任务以典型的无人机设计制作为案例，注重制作、组装和调试部分，尤其是飞控系统的连接调试。为了结合教学特点，材料的使用尽量考虑经济性。考虑到要适合初学者，本任务做了结构和工艺的简化设计。

飞行无小事。本任务制作的无人机无论是起飞重量还是技术难度等，都要相对任务1的机型提升一个层次，所以试飞一定要有专业人员指导，方可起飞。

如果教学过程中有的课程安排需要弱化制造过程，也可以购买配件来进行组装，直接进入部件组装、调试和试飞流程。

任务准备

一、图样的准备

本任务中的无人机是通过前期的总体设计、气动设计、结构设计等计算模拟过程，后期的实验、样机制作、试飞等环节而完成的，多次承担固定翼无人机作业载机，基本属于成熟机型。

为了适应教学的经济性，以及制作过程中的工艺性特点，本机型做了简化设计，以适应这个阶段的教学。这里省去设计过程，直接给出参考图样。本机型的立体结构和爆炸图如图6-26所示，三视图和工程图如图6-27所示。

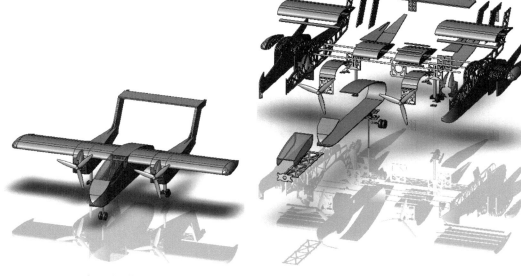

a）立体结构图 b）爆炸图

图6-26 固定翼无人机立体结构和爆炸图

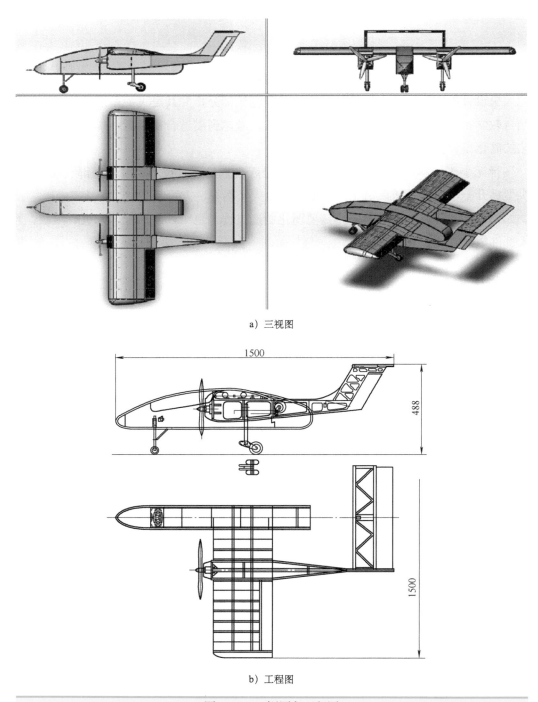

a）三视图

b）工程图

图 6-27　三视图和工程图

二、材料、配件及工具的准备

本任务所需准备的材料和配件清单见表 6-3，所需工具见表 6-2。

表6-3 固定翼无人机制作组装材料和配件清单

序号	名称	型号	单位	数量	备注
1	电动机	朗宇 X2820800 kV	台	2	
2	螺旋桨	1365（正反桨）	副	1	
3	电调	60A（或80A）2—6S	个	2	
4	电池	4S1000mA·h	个	2	
5	舵机	9g	个	6	
6	碳管	10mm×8mm×1000mm	根	3	
7	碳管	4mm×2mm×1000mm	根	4	
8	遥控接收机	4通道（或以上）	个	1	匹配遥控器
9	香蕉插头	2mm	对	3	
10	插头	XT60	对	4	与电池、电调匹配
11	热缩管	2mm、4mm、6mm		若干	
12	舵脚		个	6	
13	拉杆	1mm	个	若干	
14	延长线		根	10	
15	Y线		根	2	
16	硅胶线	8AWG		若干	
17	KT板	1.2m×2.4m	块	3	
18	轻木板	3mm	块	若干	
19	热熔胶	7mm	根	若干	
20	电动机座		个	2	匹配电动机
21	扎带		根	若干	
22	机轮	1.75in⊖	个	2	
23	机轮	2.75in⊖	个	4	
24	焊锡			若干	

任务实施

一、机体制作组装

制作之前首先了解固定翼无人机的主要组成部分，如图6-28所示，以便于在后续的制作组装过程中进行直观说明。

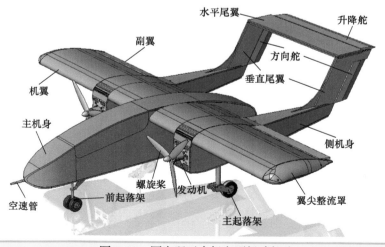

图6-28 固定翼无人机主要组成部分

⊖ 1in=25.4mm。

1. 零部件制作

（1）激光切割机加工 本任务中的零件加工属于板材的二维加工，直接采用激光切割机加工，导入工程图即可顺利操作。零件材料采用轻木板和 KT 板，强度要求较高的零件采用轻木板，强度要求较低的零件采用 KT 板，主要的承力零件采用碳纤维或者玻璃钢。图 6-29 所示为部分零部件。

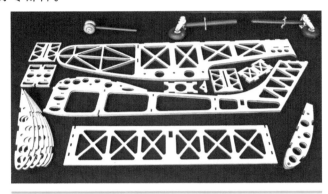

图 6-29 部分零部件

（2）3D 打印 对于加工难度较高、由复杂的空间曲面构成的零件，采用 3D 打印技术进行加工制作，如发动机整流罩、翼尖等复杂零件采用 3D 打印制作，如图 6-30 所示。3D 打印技术工艺路线短，对单件、小批量的复杂零件制作具有高效率、低成本的优势，正好适合这类零件的制造。图 6-31 所示是发动机整流罩和翼尖整流罩的三维造型图和打印成品。

图 6-30 正在打印发动机整流罩

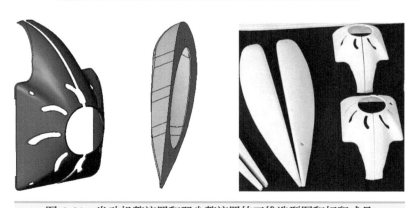

图 6-31 发动机整流罩和翼尖整流罩的三维造型图和打印成品

（3）车削加工 对于管材、销轴等回转体零件，适合采用车削加工，如本任务中需要使用的碳管或者销轴等零件。如果没有车床，碳管也可以采用手锯加工。销轴零件属于标准件，可以直接购买。

2. 机体组装

（1）主机身组装 主机身采用轻木板作为承力骨架，KT 板作为蒙皮（也可以采用热缩膜蒙皮，可根据准备的教学耗材进行调整），采用热熔胶粘接。如前所述，热熔胶的使用要在保证粘接强度的前提下尽量少用（也可以用 502 胶等快干胶，但刺激味较重，要注意保持工作现场通风良好），以减轻机身的重量。图 6-32 所示是主机身的制作过程，零部件和主机身整体效果图如图 6-33 所示，注意安装前起落架转向舵机。

图 6-32 主机身的制作过程

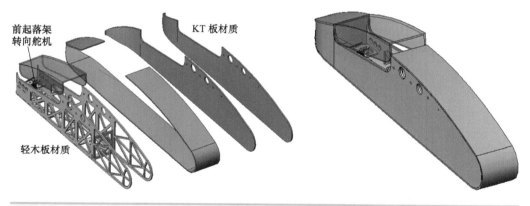

图 6-33 零部件和主机身整体效果图

（2）侧机身组装 侧机身的组装方法与主机身相同，需要以同样的方法制作两个侧机身，同时每个侧机身要在用蒙皮蒙制之前要安装好方向舵舵机。侧机身零件及其安装过程如图 6-34 所示，爆炸图和整体效果如图 6-35 所示。

（3）机身总装及机翼制作 该无人机属于三机身结构，三个机身将机翼分为外翼和内翼两部分，在主机身和侧机身总装之前需要先安装机翼大梁。安装内翼时先安装翼肋和桁条，先不安装蒙皮，以免影响电子设备线路的铺设；再安装侧机身，继续向外伸展，安装外翼；然后布置好电子设备的连接线之后，等待后续的蒙皮步骤。本步骤的安装效果图如图 6-36 所示。

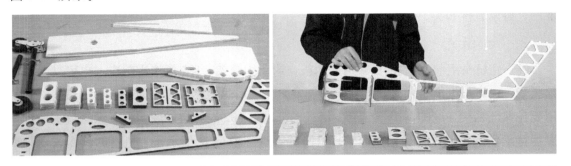

图 6-34　侧机身零件及其安装过程

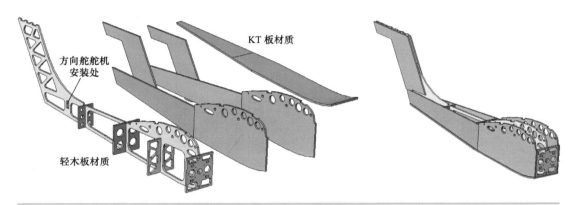

图 6-35　侧机身爆炸图和整体效果图

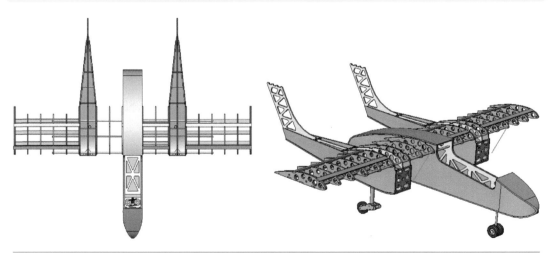

图 6-36　机身总装及机翼制作后的效果图

在主机身上安装机翼大梁（本机采用 10mm 碳管），保证两端伸出长度相等，粘接固定牢靠；按照设计图样的位置和尺寸安装翼肋和桁条，保证粘接固定牢靠。用相同的方法安装另一端的内翼，注意两端的内翼都不安装蒙皮，安装过程如图 6-37 所示。

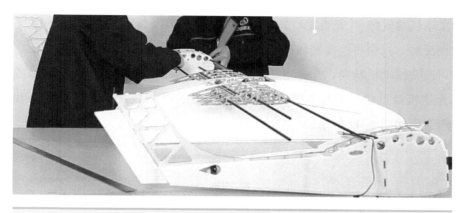

图 6-37 机身总装、机翼制作的安装过程

（4）尾翼、舵机和起落架的安装 安装水平尾翼和各个舵面的舵机时，舵机的安装位置如图 6-38 所示，同时要把各个舵机的延长线都连接好并通过机身内部铺设到主机身内，等待后续的电子设备总体连接和飞控系统连接，以免蒙制蒙皮之后造成无法布置线路；然后安装起落架，如图 6-39 所示。

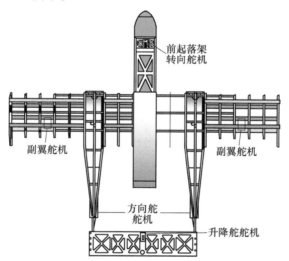

图 6-38 舵机的安装位置

图 6-39 安装起落架

（5）发动机的安装　　安装发动机及电调，并测试发动机转向，如图 6-40 所示。当发动机转向相反时，只需将连接发动机与电调的三根线（香蕉插头连接处）中任意两根互换连接，即可改变发动机转向；并将电调的两对电源连接线（每个电调有一对电源线）用 Y 线连接送至主机身机舱，同时也将两个电调的信号线用 Y 线连接送至主机身机舱，控线电路铺设示意图如图 6-41 所示。

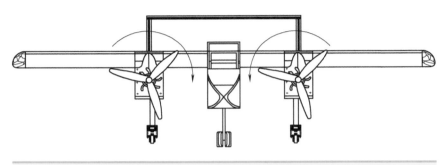

图 6-40　发动机转向示意图

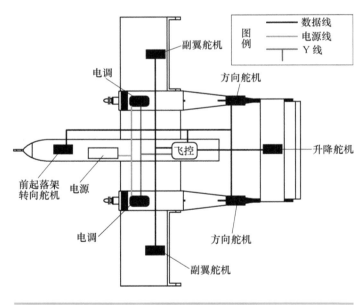

图 6-41　控制电路铺设示意图

（6）控制电路初步测试及保护处理　　将铺设好的控制电路做好保护处理，包括每一根电线的位置、走向、弯曲半径以及通过每一个隔框等零部件时的电线保护处理，都要保证无人机在工作中出现无数次振动时不会使控制电路失效，确保安全飞行。

做好保护处理后将已经安装的电动机、电调、舵机等设备连接到遥控接收机，具体连接方法见任务 1。注意：禁止安装螺旋桨。上电测试各个舵机的工作状态，以及电动机的工作状态，确保工作正常。

（7）蒙皮及舵面的安装 通过测试确保控制电路安装正确之后，再安装舵面，包括两个副翼、两个方向舵和一个升降舵，要特别注意舵脚、舵面、舵机摇臂的安装精度，安装过程如图 6-42 和图 6-43 所示，安装后效果图如图 6-44 所示。还可以进行适当的涂装处理。图 6-45 所示是经过简单涂装的成品机。

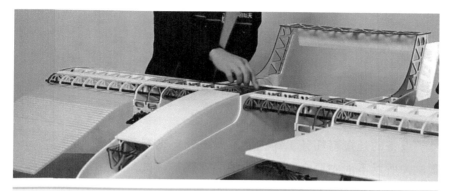

图 6-42 蒙皮蒙制过程

图 6-43 安装升降舵

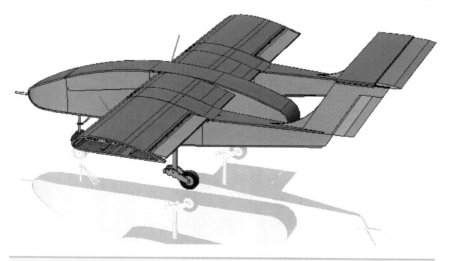

图 6-44 舵面和蒙皮安装完成后的效果图

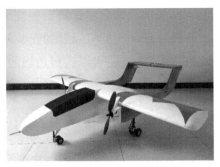

图 6-45　简单涂装的成品机

二、电子设备连接与调试

本机电子设备的连接与任务 1 的主要不同之处是飞控系统的连接调试，所以下面主要介绍飞控系统的连接与调试，以 PixHack V3 飞控板为例进行介绍，如图 6-46 所示。

1. 飞控导航系统硬件安装

前面的手动控制调试成功后，要安装飞控导航系统，为后续的无人机外场试飞及作业测试做准备。

（1）接口　飞控板的各个接口和状态灯如图 6-47 所示。

图 6-46　PixHack V3 飞控板

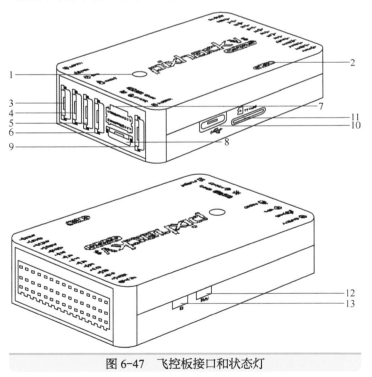

图 6-47　飞控板接口和状态灯

1—主要状态灯　2—底层状态灯　3—安全解锁开关　4—DSM 遥控信号 +ADC6.6　5—GPS+COMPASS 接口
6—数据传输接口　7—总线扩展接口　8—DEBUG 接口 +GPS2 接口　9—POWER IV 传感器接口
10—MICRO USB 接口　11—TF 卡接口　12—FMU STM32F4 重启按键　13—IO STMF100 重启按键

　　(2) 接口连接　在连接过程中一定要仔细核对每个接口,避免出现连接错误,如图6-48所示。

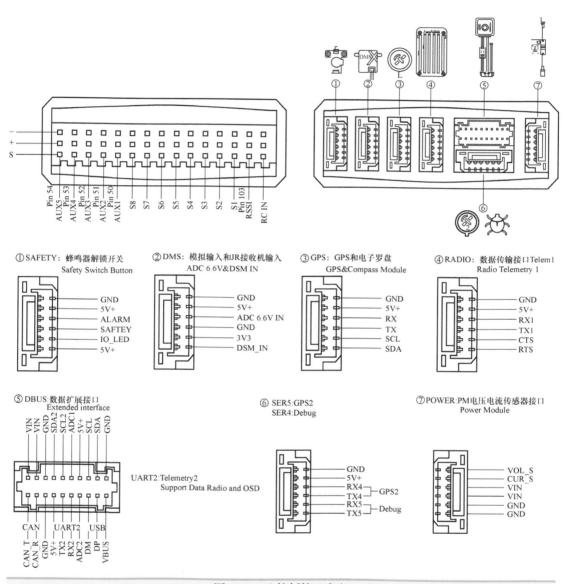

图 6-48　飞控板接口定义

　　有以下重要的注意事项:首先,飞控板的加速度传感器受振动影响,会产生不必要的动差,直接影响飞控姿态的计算,所以要使用减振平台来安装飞控主板;其次,飞控板的高精气压计对温度的变化非常敏感,要尽量在气压计上增加遮光措施,以避免在阳光直射的室外飞行环境下,光照热辐射对气压计造成的影响。另外,做好整流措施,避免飞行器自身气流对气压计造成干扰。

　　2. 地面站软件的安装

　　在计算机上进行驱动和地面站软件的安装,安装方法不再赘述。

3. 飞控系统参数设置与系统调试

在无人机通电进行参数设置之前，必须拆掉螺旋桨，避免飞控调试时因无人机失控引起安全事故。下面重点介绍飞控系统参数设置与调试。

首先打开地面站软件，同时打开遥控器，无人机上电，选择相应的接口和码率，单击"连接"按钮，如图 6-49 所示，会显示正在连接的对话框，连接成功后如图 6-50 所示。

图 6-49　选择相应的接口和码率，单击"连接"按钮

图 6-50　数据连接成功

（1）无人机初始设置

1）安装固件。单击"初始设置"→"安装固件"按钮，如图 6-51 所示，根据提示，单击"连接"按钮。这款飞控系统能控制多种无人机，这里用来控制固定翼无人机，所以选择固定翼无人机进行固件安装，如图 6-52 所示。

图 6-51 准备安装固件

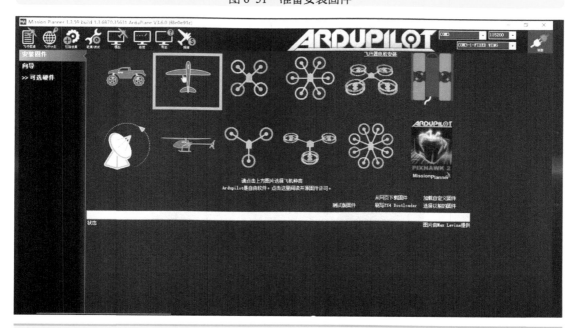

图 6-52 选择固定翼无人机进行固件安装

2）安装硬件。

目前无人机处于试飞准备状态，还没有挂载可选硬件，因此先不需要安装，以后无人机需要外场作业时要挂载相应的硬件，再进行硬件安装，现在只安装必要硬件即可，如图 6-53 所示。

图 6-53　必要硬件和可选硬件

① 加速度计校准。首先校准无人机的水平状态，单击"校准水平"按钮，等待系统校准完成，如图 6-54 所示。

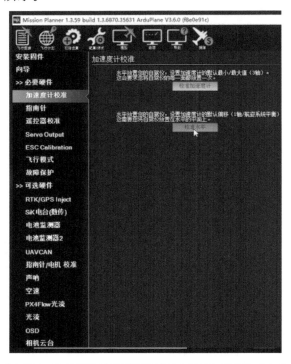

图 6-54　校准水平

然后校准加速度计，单击"加速度计校准"按钮（图 6-54），根据界面上的提示改变无人机的方位，分别校准无人机的各个状态，如图 6-55 所示，包括"飞机平放""飞机向左放置""飞机向右放置""机头朝下""机头朝上"和"飞机翻转放置"六个方位的校准。

② 指南针。单击"指南针"→"现场校准"按钮，如图 6-56 所示，让无人机绕三轴（横

轴、纵轴和立轴）旋转，直到指南针校准成功。

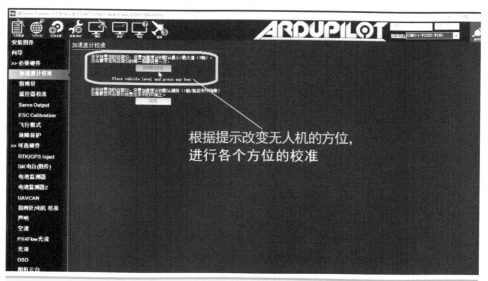

根据提示改变无人机的方位，进行各个方位的校准

图 6-55　加速度计校准

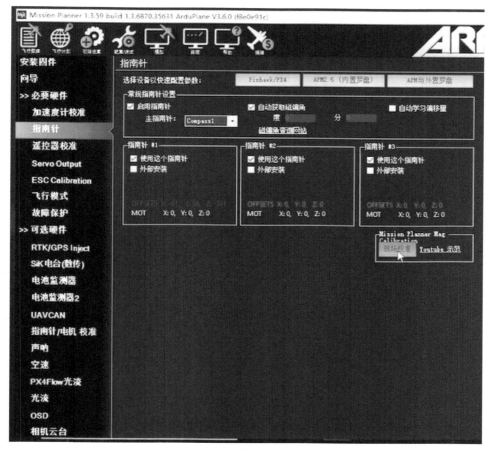

a）

图 6-56　指南针校准

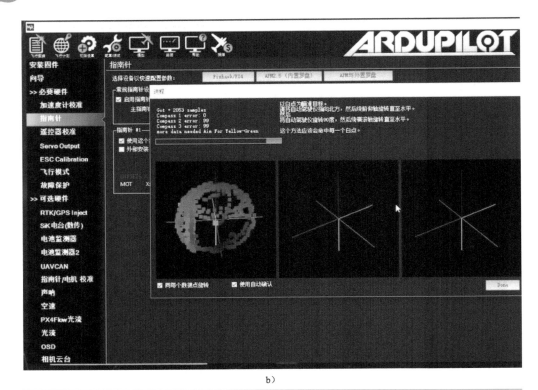

图 6-56　指南针校准（续）

③ 遥控器校准。单击"遥控器校准"按钮，如图 6-57 所示，操作遥控器，通过操纵每一个通道的手柄，看地面站界面上相应的通道显示是否正确，包括动作范围和动作方向。要重点关注飞行模式的设置是否正确，包括手动模式、姿态模式、自动模式和回家模式。

图 6-57　遥控器校准

对于空机的试飞，主要校准这几个必要硬件，至于后续的任务试飞，则根据载荷情况和试飞要求进行相应的校准。

（2）任务规划　经过设计、制作、调试以及飞控导航系统的安装调试等一系列的工作之后，无人机已经全部完成，但是它是否具备无人机的功能，也就是它能不能真正地去执行任务，能不能按照规划去执行任务，就需要进行任务试飞。不过一定要记住，飞行无小事，坚决杜绝黑飞，一切飞行都必须照章办事，必须满足两点：第一，要有合法的空域；第二，要有固定翼无人机驾照。

下面介绍无人机任务规划。首先打开地面站，遥控器上电、无人机上电、飞控系统上电，（强烈建议卸掉无人机螺旋桨，这毕竟是试飞准备，以避免失控）。连接飞控系统和地面站，如图 6-58 所示，做好无人机的固件、加速度计、指南针等的状态确认，然后开始规划任务。

图 6-58　打开地面站，连接飞控系统和地面站

首先设置无人机返航点，确认无人机的返航位置，保证在任何时候只要遥控器切换到返航状态，无人机就会返航到这一点，如图 6-59 所示。注意：要保证返航点的航行条件，要满足无人机的盘旋和降落条件。

其次规划航线。本任务的执行属于试飞科目，所以建议任务航线尽量在视距内，如图 6-60 所示，规划好任务航线，设置好高程，避免无人机在飞行中与障碍物相撞；设置好转弯半径和盘旋半径，要考虑无人机的转弯性能，通过确认将数据上传至无人机，为执行试飞做好准备。

图 6-59　设置返航点

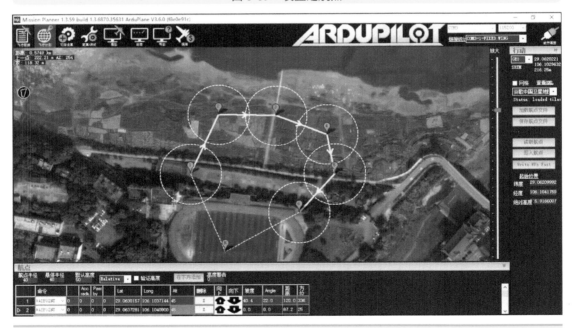

图 6-60　任务规划

三、整机调试

1. 地面检查

检查方法按照本项目的任务 1 进行，在这里不再赘述，主要包括：

1）机翼、机身和尾翼相互位置的检查。

2）保证重心位置准确、机翼两侧平衡。

3）发动机拉力线的检查。

4）起落架的检查。

5）舵面操纵机构和舵面偏转的舵角检查。

6）遥控设备的检查。

2. 飞前检查和调试

飞前检查是无人机试飞前的重要环节，要严格执行检查程序，无论自身多专业都应该严格按照检查单进行，否则易因为自身人为因素造成试飞的不成功。飞前检查单见表6-4。

表6-4　飞前检查单

机身检查				
序号	检查内容	技术要求	是否达标	执行人签字
1	机体蒙皮	无开裂、无褶皱、无变形	☐	
2	机体连接处	连接正常，缝隙均匀	☐	
3	机翼、尾翼	无变形，位置角度正确	☐	
4	重心	前后位置准确，左右平衡	☐	
5	发动机座	无破损、无裂纹	☐	
6	整流罩	完整，无损坏	☐	
机械检查				
序号	检查内容	技术要求	是否达标	执行人签字
1	发动机座的紧固性	螺钉完整，连接紧固	☐	
2	发动机螺旋桨	无损坏、无变形、连接紧固	☐	
3	无人机舱盖	锁定正常、合页无脱落	☐	
4	空速管	无破损、无弯曲、无堵塞	☐	
5	每个舵面表面	无开裂、无褶皱、无变形	☐	
6	每个舵面铰链	连接正常，无松动	☐	
7	舵面摆动	顺畅、无干涉	☐	
8	舵面连杆	连接紧固，无弯曲	☐	
9	舵机摇臂螺钉	已锁紧	☐	
10	舵脚	连接正常、紧固	☐	
11	舵机安装	无松动	☐	
12	螺旋桨方向	叶面方向正确、转向正确	☐	
13	空速软管	无压迫、无弯折、无脱落	☐	
14	飞控板减振托架、减振球	稳固、无脱落	☐	
15	起落架	连接紧固，转向正常	☐	
电气检查				
序号	检查内容	技术要求	是否达标	执行人签字
1	电动机线	连接紧固，无破损	☐	
2	电调电源线	连接紧固，无破损	☐	
3	电调数据线	连接紧固，无破损	☐	
4	飞控板电插头、导线	连接紧固，无破损	☐	
5	机舱内线缆	连接紧固，无破损	☐	
6	舵机线	连接紧固，无破损	☐	
7	遥控接收机、数据传输天线	方向正确	☐	
8	动力电池	电池外表正常，电压正常	☐	

（续）

地面站检查				
序号	检查内容	技术要求	是否达标	执行人签字
1	地面站供电	满电，有备用电源	□	
2	遥控器	满电、各通道位置正确、模式切换正常	□	
3	任务航线	已设置	□	
4	降落航线	已规划	□	
5	高程检查	无干涉	□	
6	返航点位置	已设置	□	
7	磁航向	已确认	□	
8	空速测量	无异常	□	
9	数据传输状态	正常	□	

四、试飞

1. 试飞概述

试飞是十分重要、关键的环节，用来验证包括无人机设计、制造等所有环节完成之后的成果，同时为后续的无人机设计、制造和改进工作提供数据依据，所以要严格执行试飞程序和步骤，同时要具备合法空域，试飞人员具备固定翼机长资质，要通过包括全手动的航行和起降试飞、姿态试飞、自动任务执行试飞和返航测试等科目，如图6-61和图6-62所示。

图 6-61　无人机开始起飞

图 6-62　无人机试飞结束开始降落

2. 试飞程序

1）起动地面站电源，使地面站开始进行定位。如果地面站需要外挂电池进行工作，则应该使用外置电源线连接外挂电池进行工作。

2）准备好无人机，做好飞前检查，程序见表 6-4。

3）起动遥控器，检查各通道的开关位置是否正确，起动飞控板电源，5s 内使无人机保持静止，等待飞控系统初始化完成。

4）进行硬件确认和磁罗盘校准操作。若无人机离开上次磁罗盘校准区域超过 50kM，需要进行磁罗盘校准操作，以便获得正确的磁航向数据。

5）绘制或导入任务航线。根据需要绘制任务航线或直接导入已经规划好的航线计划，确认航线参数正确后上传至飞控系统，并重新下载远程航线，确认上传的航点信息正确无误。

6）连接动力电，使用遥控器操作无人机，确认各个舵面的行程和方向，手动解锁电动机，确认电调行程是否准确，确认完成后将电动机锁定。

7）绘制航线。将无人机搬至起飞点，根据地形与风向实际情况决定起飞方向。绘制完航线后，根据地形实际情况对自主降落航线进行调整，避开周边障碍物，避免降落时撞击到周边障碍物。

8）执行地面站软件的飞前检查程序，确认飞前检查程序中的所有信息正确无误后再进行数据上传。

9）重新起动电动机，所有人员撤离至起飞点 20m 之外，手动起飞无人机。

10）无人机完成起飞后将状态切入全自动模式，将控制权移交给地面站，观察无人机，做好危急情况下接管无人机的准备。地面站操控员随时观察，密切注意无人机的飞行数据，观测并确认无人机的高度、空速、地速、姿态、坐标位置等数据是否正常，同时做好应对可能出现的紧急情况的准备，及时对无人机的异常做出响应。

11）无人机完成作业航线后，会按预定计划返回降落前盘旋等待点，降低高度盘旋等待。此时，飞行操控人员必须确认遥控器开关处于自动状态，起动遥控器，将油门杆放置在中位上，准备进行着陆保护。

12）飞行操控人员和地面站操控员须根据风向的实际情况对降落航线进行调整，使进场方向为逆风方向。在此期间，飞行操控人员必须做好应对危急状况的准备，如果无人机出现无法正常自动降落情况，必须立即切换为人工控制进行手动着陆。

13）着陆后及时断开无人机电源，做好飞后整理工作。

14）飞行安全详见任务 1。

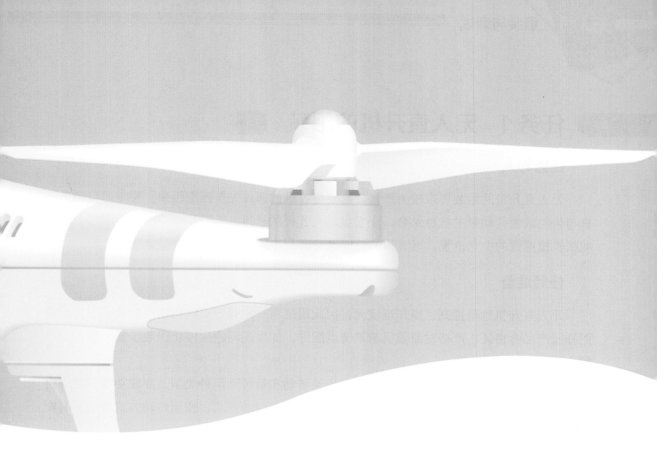

无人直升机的组装与调试

项目 3

任务 1 无人直升机的组装

任务导入

无人直升机的组装要求较为严格，需要将各机械部件完美匹配组装，要考虑包括电动机与齿轮或者传动带的机械结合、十字盘球头连杆的长度、T 形头组件的安装顺序，伺服舵机机械摇臂的中立位置，尾波箱的机械水平度及各紧固件之间的虚位调整等因素。

任务准备

无人直升机危险性高、操作难度大，因此组装前一定要清点随机清单、说明书、组装图样及产品合格证，严格对照随机清单清点配件，如发现问题应停止组装步骤，联系卖家解决问题才能继续组装。

无人直升机按照传动方式分，主要有齿轮传动和带传动两种类型。要成功地组装一台无人直升机，首先要了解所组装的无人直升机是哪种传动方式，按照传动方式清点所有配件，见表 7-1。

表 7-1　组装无人直升机配件清单

名称	单位	数量	名称	单位	数量
侧板	个	1	电池	组	若干
底板	个	1	大桨	副	1
电池固定板	个	1	尾桨	副	1
尾撑	个	1	尾旋翼组件	套	1
球头拉杆	个	4	尾杆	个	1
十字盘	套	1	尾杆支撑杆	个	2
十字盘导板	个	1	水平翼	个	1
电动机座	个	1	伺服舵机	个	4
主旋翼头（T 形头）	套	1	起落架	个	1
大齿盘/传动轴（含传动带）	套/条	1	飞机头罩	个	1
电动机	个	1	⋮		
电调	个	1			

1. 准备组装工具和设备

无人直升机组装工作涉及的工具和设备相较于其他无人机的组装复杂得多，因此，为保证组装工作的顺利进行，应按照表 7-2 备齐所有组装工具和设备，再开始进行组装工作。图 7-1 所示为齿轮传动无人直升机组装工具配件图。

表 7-2　无人直升机组装工具和设备清单

名称	品牌	型号	单位	数量	摆放位置	备注
球头钳						
水平尺						
十字盘调平器						
内六角螺钉旋具						
十字螺钉旋具						
镊子						
游标卡尺						
电烙铁、焊锡						
热缩管						
尖嘴钳						
剥线钳						
万用表						
热风枪						
螺钉胶						
3M 胶						
易拉得						
⋮						

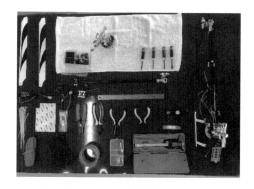

图 7-1　齿轮传动无人直升机组装工具配件图

2．组装时的注意事项

无人直升机组装时的常规注意事项与固定翼无人机组装注意事项大体相同，以下所讲组装注意事项是结合以往组装调试及试飞无人直升机后的飞行稳定性、安全及手感所总结出来的。

1）要仔细阅读组装无人直升机所用零部件的用户使用手册、使用或安装说明书、组装图样，详细了解和熟悉其品牌、型号、规格、性能以及安装注意事项等。

2）清点所有组装零件，备齐所有使用工具，并整齐划分工具区和配件区，做到配件和工具左右分明，中间区域可平铺一个桌布或者厚大的毛巾，用于放置一个专用存放螺钉的盒子，防止螺钉掉落及散乱。

3）一般产品组装会划分几个板块，每个板块组装完成后可进行统一拼装，要按照产品手册检查每个板块中零部件有无缺失和损坏情况。

4）T形头组件的整体安装要根据图样中的顺序安装，轴承一般为推力轴承，安装时注意正反面。拧紧螺栓时一般要两边同时拧紧，确保两侧转矩大小相同，避免出现甩桨现象。

5）安装无人直升机机身各部件时，应按照组装手册的要求，螺钉不要直接拧紧，遇到两侧同时需要安装多个螺钉的情况，需要遵循 X 形交替拧螺钉的原则。

6）无人直升机飞行振动大，因此需要在十字盘、球头、尾波箱组件、主轴锁紧扣、电动机固定座以及机身上金属与金属连接固定的连接螺纹上涂抹 2～3mm 螺钉胶，以获得更稳定的锁紧力。

7）安装电动机需要调节电动机安装座，以确保电动机齿轮与飞机大齿盘/传动带结合适当，二者结合过紧会造成大齿盘挤压、飞行卡顿使耗电量增大；二者结合过松会造成大齿盘扫齿打滑；带传动安装好后按压传动带，通过带反弹力度的大小确定安装是否适中。

8）T形头与十字盘之间的球头拉杆需要用游标卡尺测量，应尽可能贴近产品手册上的数值，注意在两侧同时有螺纹的情况下，需要两侧保留相同的螺纹长度。

9）安装尾杆需要使用水平尺，将其安装水平，避免尾部受力偏移，造成无人直升机飞行摆尾。

10）无人直升机组装好后需要合理布局飞行线路，留一个水平且相对电动机电磁干扰较小的部位来安装陀螺仪。安装好机械部分后，需要正确走线，连接陀螺仪；拔掉电动机线，给无人直升机通电，以校准伺服舵机中立位置，并安装舵机摇臂与十字盘球头。

任务实施

1. 450kg级别无人直升机的整体组装

无人直升机种类较多，从常见的 450kg 级别到 700kg 级别，乃至行业中各种植保无人直升机，它们的机械组装方法大体相同，原理相通。下面以 450kg 级别无人直升机为例，介绍其组装过程。

（1）组装T形头组件 T形头组件由两侧金属桨夹、横轴、垫片、两个轴承、推力轴承、螺栓垫片和螺钉组成。首先给推力轴承均匀涂抹上润滑油，按照装配要求依次将垫片、轴承、桨夹、轴承、推力轴承、垫片、螺钉垫片和螺钉套在横轴上，两侧相同零部件按照顺序套在横轴上，利用两个螺钉旋具对两侧螺钉同时进行锁紧，如图7-2所示。

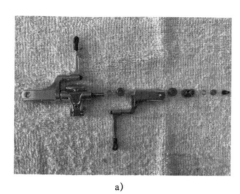
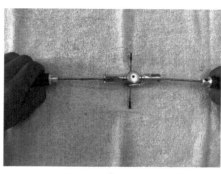

a)　　　　　　　　　　　　　　　　　b)

图7-2 T形头组件安装顺序及方法

（2）主轴与T形头的组装 分清主轴上、下两侧，将向上一侧插入T形头内，拧紧螺栓，如图7-3所示。

（3）安装十字盘 将十字盘套入主轴，用游标卡尺精准测量后将球头拉杆与金属桨夹连接起来，如图7-4所示。

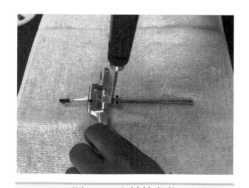

图7-3 主轴的安装　　　　　　图7-4 精准测量后的桨夹与球头拉杆

（4）机身侧板与起落架的组装 在两侧机身侧板中间加装电动机座、主轴固定座（含轴承）、脚架固定座、十字盘导板以及固定板，将起落架拼装完成，用螺钉固定在脚架固定座上，如图7-5所示。

（5）安装舵机 将控制十字盘的舵机安装在机身侧板上，不加装舵机臂，尾部舵机安装在靠近尾部的机身侧板上，如图7-6所示。

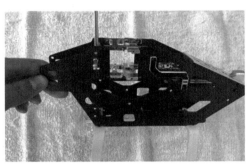
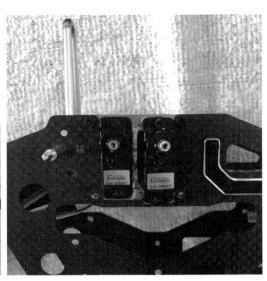

| 图 7-5　安装好的机身侧板和起落架 | 图 7-6　舵机的安装 |

（6）尾部总成安装　将尾桨桨夹（与 T 形头主桨夹安装方法一致）、尾滑套、尾桨控制臂依次按照图样采用专用螺钉固定；金属尾侧板两侧均安装轴承后，将自带齿轮的尾横轴套入金属尾侧板上，再将尾滑套与尾桨夹套入横轴上，拧紧螺钉，如图 7-7 所示。

（7）安装电动机　将电动机线焊接上香蕉插头，将电动机齿轮安装在电动机转子上，最后将电动机固定在电动机固定座上，套上螺钉，不要拧紧。

（8）主旋翼与传动齿盘的安装　将主旋翼锁紧扣套在主轴上，传动齿盘放在安装位置上并与电动机齿轮啮合，让主轴通过主轴固定座和传动齿盘，并在下方主轴座上锁紧主轴，如图 7-8 所示。

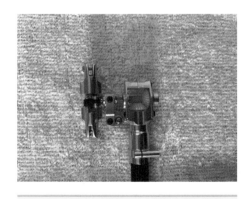
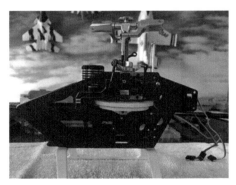

| 图 7-7　安装完成后的尾部总成 | 图 7-8　主旋翼与传动齿盘安装 |

（9）尾杆及尾部总成安装　将带有尾悬翼组件的尾杆嵌入机身中，对准尾杆螺纹孔，拧紧螺钉，如图 7-9 所示。

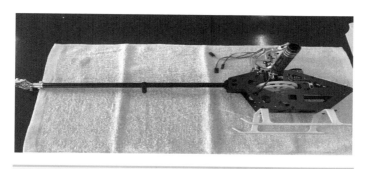

图 7-9　尾杆的安装

（10）尾撑与水平翼的安装　将尾撑竖直安装在尾旋翼另一侧，对准螺纹孔拧紧螺钉。水平翼与尾撑杆需要安装在确定位置上，才能起到支持尾杆强度的作用，如图 7-10 所示。

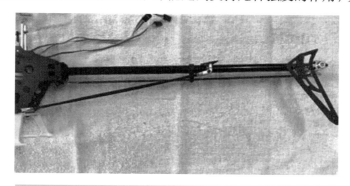

图 7-10　尾撑与水平翼的安装

（11）电子设备的安装　当陀螺仪和电调上的香蕉插头焊接完成后，将电调放置在机身侧板或者底板上，用扎带固定；将陀螺仪安装在飞机尾杆与机身连接的位置（相对水平），将杜邦线插口朝外，用 3M 胶固定，如图 7-11 所示。

图 7-11　电调与陀螺仪的安装

以上各步需要逐步完成，每步都需要对照无人直升机图样，按照先后顺序安装并考虑下一步的安装需求，拧上对应尺寸的螺钉。

2．无人直升机组装完成需要考虑的问题

无人直升机机身安装的好与坏直接影响调试飞机的难度，以及飞行安全，以下问题需要在安装机身时考虑周全。

1）安装伺服舵机臂需要先找到舵机的中立位置。

2）飞机上所有球头拉杆需要比图样要求数值长 3～5mm，为飞机调试留有余量。

3）飞机陀螺仪的安装位置应尽可能避免强电磁干扰，如避免与电调、电动机等直接安装在一起。

4）要考虑遥控接收机的安装位置，选取干扰小且牢固可靠的位置作为遥控接收机的安装位置。

5）合理布线。需要根据电调、陀螺仪、遥控接收机安装位置，选择合理的布线格局，防止舵机线不够长以及与其他机械结构摩擦导致电线裸露。

6）机身上所有螺钉需要在调试结束后统一涂抹螺钉胶，再进行检查锁紧。

任务2 无人直升机的调试

任务导入

无人直升机的调试分为机械部分调试、遥控器调试（调试陀螺仪前要对遥控器进行调试）和陀螺仪（飞控）调试三部分，三部分相互配合，才能调试好一架无人直升机。

任务准备

参考本项目任务 1 中的相关内容。

任务实施

1．机械部分的调试

无人直升机机械部分的调试主要在于处理无人直升机各个机械部分的配合问题，使无人直升机各部分的配合处于相对完美的状态。无人直升机机械部分调试的内容如下：

（1）传动齿轮微调 将电动机、传动齿轮、尾杆的长度调节到相互配合顺滑的状态。一般可以对电动机进行前后微小的调节，如图 7-12 所示，尾杆的长度根据传动齿轮的锁紧程度或者传动带的松紧程度来进行前后微小的调节，以调整好三者的配合程度，使整个无人直升机传动系统能够顺滑地传动，不出现零件配合过于紧密的卡顿或者过于松弛的滑动脱落。

图 7-12　采用电动机锁紧螺钉可以对电动机进行调节

（2）伺服舵机中立位置的调整　将电调、伺服舵机、陀螺仪、遥控接收机按照标准连线连接起来，再拔掉无人直升机电动机供电线，给无人直升机通电，则舵机自然找到自己的中立位置，然后给舵机水平安装舵机摇臂，拧紧舵机摇臂螺钉，如图 7-13 所示。

（3）尾部调整　让尾舵找到中立位置。调整尾舵连杆，使得尾滑套与尾旋翼控制臂保持垂直，再安装尾舵连杆，并利用水平尺将尾旋翼调整到水平状态，如图 7-14 所示。

图 7-13　舵机摇臂中立位置

图 7-14　调整后的尾旋翼

2. 遥控器的设置（调整陀螺仪前）

遥控器检查的内容主要是通电后是否可以接通发出信号。不同产品的遥控器与遥控接收机的匹配操作是不同的，这里以 Futaba 遥控器为例。

1）将无人直升机 4 个伺服舵机按照陀螺仪接线说明分别插入相对应的杜邦接口中，接线如图 7-15 所示。

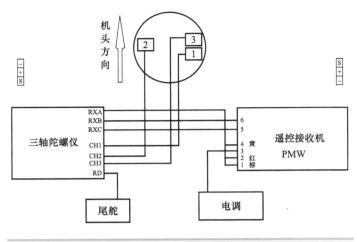

机头方向

	RXA
三轴陀螺仪	RXB
	RXC
	CH1
	CH2
	CH3
	RD

遥控接收机 PMW

黄 红 棕

尾舵

电调

图 7-15　无人直升机连线图

2）打开遥控器，拔掉无人直升机电调与电动机的电源线。

3）找到遥控接收机 Link Mode 键位，按下此键，遥控接收机红灯长闪，3s 后松开此键，遥控接收机绿灯常亮，表示对码成功，如图 7-16 所示。

4）拔掉无人直升机电源，将遥控器油门杆推到最高处，再接通无人直升机电源等待电调"滴滴"音乐响起，再等待"滴滴"两声后将遥控器油门杆拉到最低，电调校准完毕。

5）新建直升机模型：打开遥控器，双击遥控器 Lnk 键，滑动滚轮找到菜单中的 Model Sel 选项，继续滑动滚轮至 New 选项，长按 Rtn 键 1s，将右侧的 Airplane（固定翼模型）转换成 Helicopter（直升机模型），滑动滚轮至 Yes 键并长按 Rtn 键位 1s，直升机模型建立成功。

6）油门熄火：双击遥控器 Lnk 键，滑动滚轮进入 THR CUT 菜单中，将 NORMAL 的 INH 选项改为 ACT，将 IDLEUP3 也设置为 ACT，SW 选项设置一段开关，一般选择 SF，此时遥控器左下方 SF 开关打开，电动机为熄火状态，关闭 SF 则电动机正常工作，设置界面如图 7-17 所示。

图 7-16　遥控接收机对码成功绿灯常亮

图 7-17　遥控器熄火开关设置

3. 陀螺仪的调试

无人直升机陀螺仪种类繁多，调参方法也各有不同，下面介绍的调参方法以 K-BAR 陀螺仪为例。

1）打开遥控器，给无人直升机通电，打开计算机调参软件，用数据线连接陀螺仪与计算机，左上角出现"USB 已连接"，说明连接正常。

2）根据所调无人直升机的型号，确定主旋翼敏捷度和陀螺仪增益数值（一般根据推荐值而定），尾部偏航比率和陀螺仪增益也可根据推荐值而定，再根据飞行状态和手感进行调整。图 7-18 所示为 K-BAR 陀螺仪调参基础界面。

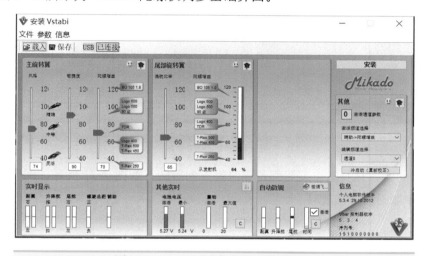

图 7-18　K-BAR 陀螺仪调参基础界面

3）单击界面右上方的"安装"键，进入菜单栏，遥控接收机选择"默认"值，将遥控器遥杆放置于中立位置，单击"设定中立点"，得到副翼、升降舵、尾舵、螺旋总距处于相对平衡状态（位置为 0%），如图 7-19 所示。

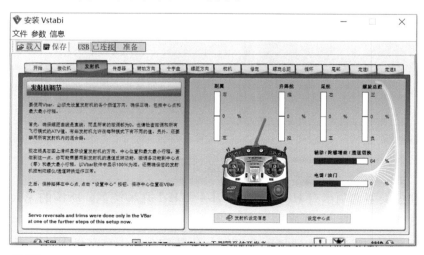

图 7-19　设置遥控器中立位置

4）图 7-20 所示为陀螺仪传感器安装方向，一般按照图中的方向来安装陀螺仪传感器。

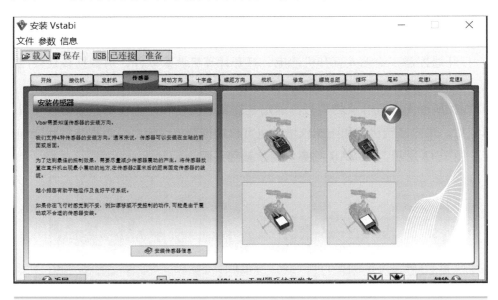

图 7-20 陀螺仪传感器安装方向

5）常见的无人直升机主旋翼都是顺时针方向旋转，如图 7-21 所示，调节陀螺仪数据时也同样选中顺时针方向旋转。

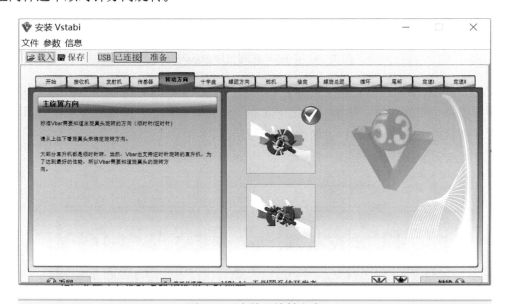

图 7-21 主旋翼旋转方向

6）十字盘类型选项卡有 HR-3、H-3、H-4 和 H-1 几种类型，所调的无人直升机十字盘属于 HR-3 类型，如图 7-22 所示。

7）在螺距方向选项卡中选择上升螺距，使其符合无人直升机上升原理，如图 7-23 所示。

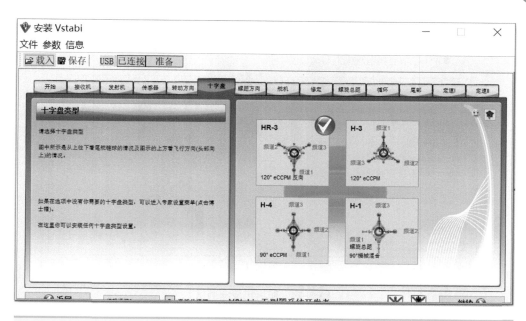

图 7-22　常见直升机十字盘类型

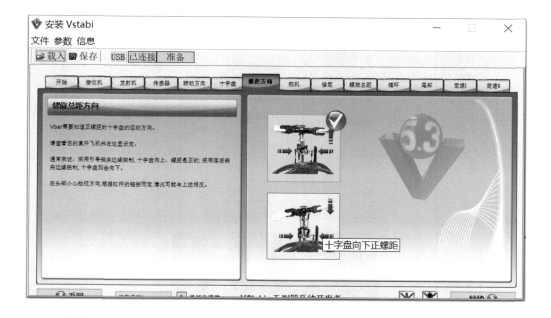

图 7-23　无人直升机螺距为上升螺距

8）舵机正反向调试：推动油门杆，判断各个舵机是否是上升行程，如果是，在图 7-24 "舵机"选项卡中则不用更改；如果不是，则需要改变相对应舵机的正反行程量。

9）0°螺距调整：舵机可以进行微调，在"修定"选项卡中可利用"十字盘"调平器对十字盘进行水平调整。使飞机主旋翼桨叶与机身处于同一水平，将螺距尺放置在桨叶中间，调整螺旋总距使螺距尺读数为 0，如图 7-25 所示。

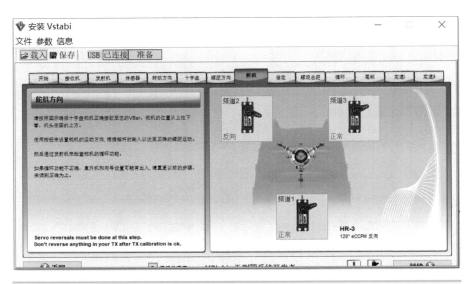

图 7-24　舵机正反向调试

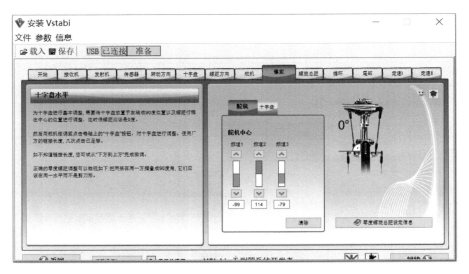

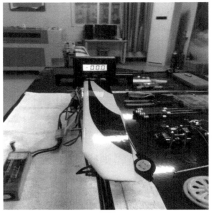

图 7-25　0°螺距调整

10）将油门推到最大，在"螺旋总距"选项卡中调整数值为 80～100，使得螺距尺读数为 12°～14°，如图 7-26 所示。

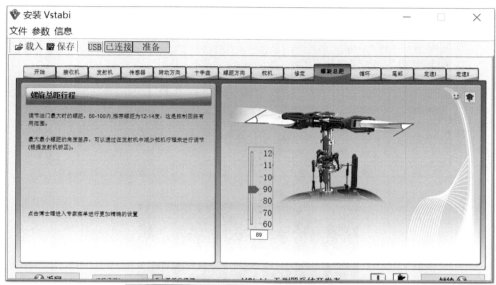

图 7-26　螺旋总距调整

11）将机体放平并将主桨叶放置在尾管上方，螺距尺读数应为 0，单击"测量"按键，对舵机进行微调，在图 7-27 所示的"循环"选项卡中，使螺距尺读数为 8°。

12）尾部调整：在"尾部"选项卡中拨动遥控器，使尾舵向左移动，尾滑套会向右偏移（如果不对，需要单击尾部反向按键），调整逆时针数值，使尾滑套与桨夹间有 1～2mm的间隙；同理，拨动遥控器，使尾舵向右移动调整方式与此相同，如图 7-28 所示。

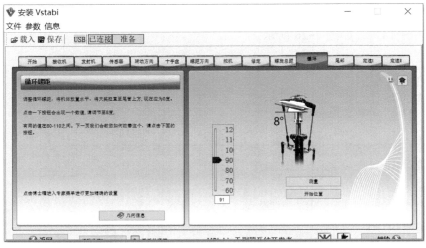

a)

b)

图 7-27　循环螺距测量

图 7-28　尾部调整

13）"定速"选项卡中的油门定速项需要在遥控器上设置。

4. 调整陀螺仪后遥控器的调试

（1）油门曲线调整 打开遥控器，双击 Mol 键，滑动滚轮至 THR CURVE，进入菜单后可以看到右侧为 5、4、3、2、1 五个油门档位，分别代表油门杆从上至下的位置（新手调整油门曲线不建议直接调为定速），建议 1 档位设置为 0 油门、2 档位设置为 40% ～ 50% 油门量、3 档位之后均设置为 60% ～ 75% 油门量，然后拨动滚轮进行调节，使各档位之间曲线平滑，以使推油门杆过中立位置以后，油门定速不变，控制螺距操作无人直升机，油门曲线如图 7-29 所示。

（2）螺距曲线调整 首先给无人直升机上电，使桨叶与尾杆平行，把螺距尺夹在主桨叶中间位置，然后双击遥控器 Mol 键，滑动滚轮至 PIT CURVE，进入菜单后可以看到 5、4、3、2、1 五个螺距档位，分别代表螺距从高到低，调整 1 档数值，调整螺距尺读数为 −2°；调整 2 档数值，使得螺距尺读数为 0°；调整中立位置 3 档和 4 档数值，使得螺距尺读数为 7° ～ 9°，调整 5 档位置螺距尺读数不要超过 12°，螺距曲线如图 7-30 所示。

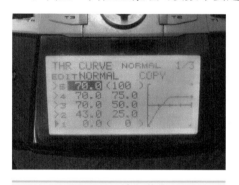

图 7-29 油门曲线

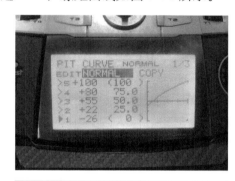

图 7-30 螺距曲线

油门曲线与螺距曲线设置好之后需要飞行测试，根据无人直升机油门与螺距配合情况及时做出调整，调整出适合自己手感的飞行状态。

参 考 文 献

[1] 鲁储生. 无人机组装与调试 [M]. 北京：清华大学出版社，2017.

[2] 祝小平. 无人机设计手册 [M]. 北京：国防工业出版社，2007.

[3] 张成茂. 航空模型设计与制作 [M]. 北京：电子工业出版社，2019.

[4] 付长青，曹兵. 无人机系统设计 [M]. 北京：清华大学出版社，2019.

[5] 陈康生. 现代模型飞机制作工艺 [M]. 北京：航空工业出版社，2010.

[6] 莫伊尔，西布里奇. 飞机系统设计和研制导论 [M]. 凌和生，等译. 北京：航空工业出版社，2012.

[7] 王志瑾，姚卫星. 飞机结构设计 [M]. 北京：国防工业出版社，2004.

[8] 邢琳琳. 飞行原理 [M]. 北京：北京航空航天大学出版社，2016.

[9] 马睿. 浅谈穿越机的现状与发展 [J]. 航空模型，2016（6）：28-33.

[10] 杨旸. 条分缕析话穿越———架 250 级穿越机的选配和组装（下）[J]. 航空模型，2016（6）：34-37.

[11] 刘彬，刘建军，左少杰，等. 穿越模型机材料及结构优化研究 [J]. 机械工程与自动化，2018（6）：56-58.

[12] 白祥，崔广军，赵海彬. 基于 PIXHAWK 的飞行控制系统设计 [J]. 南方农机，2019，50（11）：28-36.

[13] 黄芳艳，刘永福，林镇滔，等. 基于四旋翼无人机的组装与调试研究 [J]. 科技与创新，2019（16）：38-39.

[14] 白祥. 关于高职无人机专业建设的调研与探索 [J]. 中外企业家，2016（35）：200-202.

[15] 牛月娟. 基于航拍无人机的设计与调试 [J]. 电子制作，2018（12）：11-13.